网页美工设计基础教程

曹茂鹏　编著

U0161226

Web Graphic Design

化学工业出版社

·北京·

图书在版编目（CIP）数据

网页美工设计基础教程/曹茂鹏编著. —北京：化学工业出版社，
2022.1
ISBN 978-7-122-39988-5

Ⅰ.①网… Ⅱ.①曹… Ⅲ.①网页制作工具 Ⅳ.①TP393.092

中国版本图书馆CIP数据核字（2021）第200536号

责任编辑：陈　喆　王　烨　　　　　　　装帧设计：王晓宇
责任校对：杜杏然

出版发行：化学工业出版社（北京市东城区青年湖南街13号　邮政编码100011）
印　　装：北京瑞禾彩色印刷有限公司
787mm×1092mm　1/16　印张15　字数407千字
2022年2月北京第1版第1次印刷

购书咨询：010-64518888　　　　　售后服务：010-64518899
网　　址：http://www.cip.com.cn
凡购买本书，如有缺损质量问题，本社销售中心负责调换。

定　　价：89.80元　　　　　　　　　　　版权所有　违者必究

PREFACE ·········   ·········   ·········   ·········

　　网页设计近年来在商业活动中的作用凸显，是互联网时代企业和产品对外展示的重要窗口，网页美工设计的优劣直接影响着企业的形象和品牌的构建。市场上网页美工设计类图书以"鉴赏型"居多，"鉴赏型"图书的特点是案例多、图片精美、启发性强，但弊端是书不耐读，读者无法明白其原理，无法举一反三，没有太大的延伸价值。

　　鉴于这种情况，我们在2017年组织策划了"从方法到实践：手把手教你学设计"系列图书，该套图书面向初学者，在"鉴赏型"的基础上，侧重理论和方法，即使是非专业人员，也能从中学到很多有用的设计技巧。

　　《从方法到实践：手把手教你学网页美工设计》是该系列中的一个分册，通过扎实的网页美工设计理论和大量的经典国内外设计案例，让初学者短时间内洞悉网页美工设计的奥秘，并能够将所学内容应用于网页设计工作中。

　　《网页美工设计基础教程》是在《从方法到实践：手把手教你学网页美工设计》的基础上编写的。此次升级主要对各章内容进行简化，突出重点；对书中质量不高的图片进行替换；对老旧的案例进行更新，尽量反映目前较为流行的设计方法和作品。

　　本书共分8章，具体内容包括网页设计理论、网页设计的基础知识、网页设计基础色、网页设计的界面布局方法、网页设计的构成元素、不同行业的网页色彩搭配、网页色彩的情感和网页配色实战等。编者以网页美工设计的基本应用方法为起点，以拓展读者朋友对网页设计的思路为目的，希望通过通俗易懂的理论知识、精致多样的赏析案例、色彩斑斓的配色方案、完整详细的综合案例，给读者一个更好的学习思路，进而从本质上提高网页设计能力。

　　本书由曹茂鹏编著，瞿颖健为本书编写提供了帮助，在此表示感谢。

　　由于时间仓促，加之水平有限，书中难免存在不妥之处，敬请广大读者批评指正。

编著者

001 1 网页设计理论

4 网页设计的界面布局方法

7 网页色彩的情感

8 网页配色实战

Web Graphic
Design

1

网页设计理论

网页是一个网站的整体形象，给人第一印象的是首页，在网页设计时要结合网站本身的特点和文化特色，提炼一些深层次的东西，更好地显示出网站的价值。网页构成元素与传统媒体相比显得更加多样、复杂，不仅包含图片、文字元素，还包括色彩、音效和动画等新兴元素。在这些元素中，文字与图片是最基本的元素，而起着重要性作用的是图片和色彩，俗话说："一图胜千言。"图片不仅能够引起用户的关注，还能在几秒钟内描述出产品的很多信息；色彩是浏览者对网页最直观的印象，它还能够提升页面的视觉美。

网页设计概念

网页设计是一种建立在媒体之上的新兴设计，可分为静态网页和动态网页两种。网页有很强的互动性、操作性和视觉效果，它具备媒体的优点，使传播信息变得更加直接、有效。网页设计又分为功能性界面、情感性界面和环境界面。设计界面时是以功能性界面为基础、以环境界面为前提、以情感为重点，设计者可以根据网页的风格含义来设计网页界面的形式。

- 网页整体布局干净、清晰。
- 图文并茂的页面所含信息较丰富。
- 功能性较为强烈。

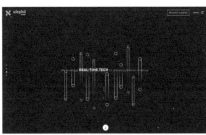

1.2 网页的设计标准

网页设计是通过视觉元素引人注目，从而实现信息传达。因此，在进行网页设计时要明确主体，制作出导航清晰、界面美观、安全快速的网页，还要注意几点标准：网页尺寸、网页字体、网页色彩等。

1.2.1 网页尺寸

对于固定尺寸一般所选用的像素规格有：760px、780px、920px、950px等。根据电脑的屏幕大小不同，有的设计也会选用1003px这样的像素规格，对于这样的像素规格视觉感官确实是舒适，但并不代表对浏览者合适。因此，一般页面宽度定在990px以内较为合适。

网页的标准尺寸如下：

① 800×600分辨率以下，页面宽度在778px以内，不会显示横向滚动条，高度依据页面而定。

② 1024×768分辨率以下，页面宽度在1003px以内，想要全屏显示，高度在612~165px之间。

左图的分辨率：641×444

下图的分辨率：701×348

标准网页广告尺寸：

① 120×120分辨率，用于新闻或产品照片展示。

② 120×60分辨率，用于LOGO使用；120×90分辨率，应用于产品演示或大型LOGO。

③ 125×125分辨率，用于表现照片效果的图像广告。

④ 234×60分辨率，适用于框架或左右形式的广告链接。

⑤ 392×72分辨率，用于较多图片展示广告或用于页脚、页眉。

⑥ 468×60分辨率，应用最广泛的广告条，用于页脚或页眉。

1.2.2　网页字体

　　网页设计中的字体一般选用宋体。不要选用一些生僻的字体，在默认浏览中的中文标准字体是宋体，英文是Times New Roma字体，这两种字体可以在任何浏览中应用。字体的形式可分为：常体、斜体、粗体和粗斜体，而字体的大小也不要随便设置，最好以系统默认为标准。如果需要一些特殊的字体或是艺术字，应以图片的方式置入，以便于每个人看到的效果是一致的。

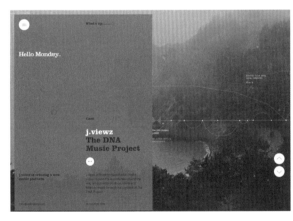
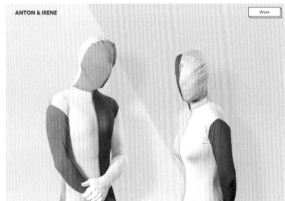

1.2.3　网页色彩

　　色彩在网页设计中是一个非常重要的元素，合理地规划色彩，才能够吸引更多的浏览者。色彩在网页设计中的搭配有些复杂。

（1）同种色彩搭配

同种色彩搭配又称为类似色搭配，是用色环上邻近的色彩进行搭配，或者使用同一种色相不同明度的色彩搭配。这种色彩搭配能带来和谐统一的视觉效果。

（2）对比色彩搭配

对比色是色环中相对的色彩（180°对角），也可称为互补色。对比色彩效果较为鲜明，进行对比色设计时要注意色彩面积的大小，因为面积大小不同，产生的视觉效果不同。

（3）暖色色彩搭配

暖色色调能够带给人温暖的感觉。色彩又能够带给人前进感，色彩明亮则是前进，暖色就是如此——膨胀、亲近的感觉。

（4）冷色色彩搭配

冷色色调给人后退、收缩、凉爽的感觉。在网页设计中冷色则给人一种专业、冷静、稳重的感觉。

（5）色彩的鲜明性

色彩的鲜明性并不是要求色彩非常活跃或夸张，主要是能够意象鲜明，让整个网站更加突出、明确，可以更有效地抓住浏览者的注意力。

（6）色彩的合理性

色彩能够给人直观的视觉冲击，有着先声夺人的力量。色彩的合理性是要求色彩的安排和选择应符合网页的主题，不能盲目地使用色彩，选择合适的颜色展示设计者的意念，才能充分地展示出色彩的魅力。

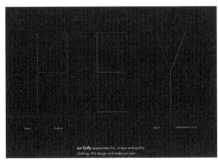

（7）色彩的独特性

色彩的独特性不是指使用别人没有用过的色彩，而是指不按照原本属性配色，别出心裁，给人强大的视觉冲击力。

（8）色彩的艺术性

色彩的艺术性表达不仅体现文化形象和风格内涵，还提升网页的意境，有效地传达设计理念。

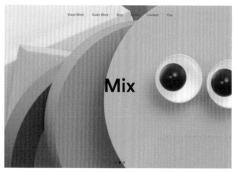

1.3 网页设计的八大法则

现今网页设计较为多样化，形式也较为丰富。如何才能使自己设计的网页在众多网页中脱颖而出，吸引人的视线？根据这一难题提炼出了网页设计的八大法则：比例、对称、不对称、和谐、统一、平衡、反复、渐变，下面就对此进行一一介绍。

1.3.1　比例法则

网页中恰当运用比例设计，能给网页带来一种协调的美感，而这种美感是由网页构图大小组合而成的。

1.3.2　对称法则

对称的原则能使网页在视觉上产生自然、均衡、协调和典雅的美感。

Web Graphic Design

网页美工设计基础教程

不对称法则

不对称的原则能够增加页面的生动感，不呆板。

和谐法则

在网页设计中要充分考虑浏览者的视觉是否舒适，和谐运用文字、图片、色彩等，符合稳定、人性化的原则。

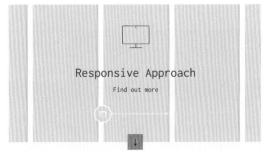

统一法则

统一法则分为两种：一种是内容与形式的统一，在形式上符合主题思想内容；另一种是整体形象的统一，将画面各种要素统一编排结构，以及在色彩上做整体设计。

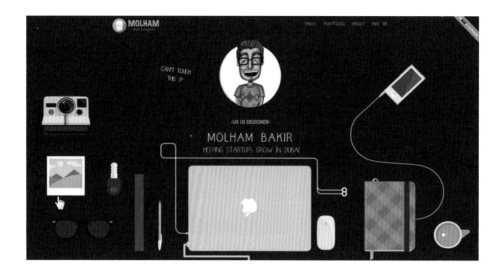

1.3.6　平衡法则

　　平衡无处不在。平衡指的是一种相对稳定的状态，当浏览者看到网页时，会主动地去寻找一个相对稳定的点。所以在进行网页构图时，也要找到一个点，使得画面看起来平衡。

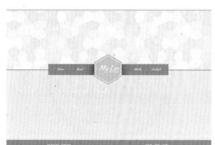 

1.3.7　反复法则

　　反复就是将同一个图形进行反复的排列与应用，当人们看到这个设计元素被反复利用，人们的视线就会跟着它们走，从而达到吸引人们视线的作用。

渐变法则

渐变是一种循序渐进的变化，分为骨骼渐变、基本形渐变和色彩渐变三种。渐变可使画面显得更有节奏，从而形成具有律动感的视觉效果。

1.4 网页设计的四大原则

随着网页行业的飞速发展，一些企业对网页的需求不断加大，网页也越来越受人们欢迎。在进行网页设计时，要掌握一些基本原则，分别是：目的性原则、内涵性原则、个性化原则、艺术性原则。

 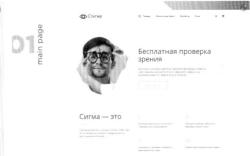

1.4.1　目的性原则

无论是什么领域的设计都是有其目的的，网页设计也如此。想要传达一个什么样的信息，然后针对想要达到的目的来设计网页。这样设计出来的网页，更能达到预期的效果。

内涵性原则

内涵性原则是指网页的内容所含有的深意。有些网页设计直观、浅显易懂，而有的网页则蕴含着丰富的内涵。网页的内涵性会起到加深浏览者对网页印象的作用。

个性化原则

个性化就比较通俗易懂了，就像每个人的个性都是不一样的，网页也具有自己的个性，取决于网页所要表现内容的特点。打造出别具一格的网页，体现出与众不同的效果，可极大地满足浏览者猎奇的心理。个性化的网页会像个性化的人一样脱颖而出，备受瞩目。

1.4.4　艺术性原则

　　艺术性主要是通过色彩、线条以及图形来表现的，也就是指网页的美感。网页如果没有了艺术性，那么也成为不了好的网页，所以在设计网页时，如何使用点、线、面这些元素显得尤为重要。

1.5　网页设计的点线面

　　点、线、面是平面设计中的基本元素，点是组成图形的基础，线是由点串联形成的，而面是由无数条线所构成的。

　　点具有双面性，既有积极性，又有消极性，积极性是点能形成视觉重心，消极性是点也能使画面杂乱无章。线分为直线和曲线，直线给人一种规则、正直的感觉，曲线给人以柔美的感觉，通常用曲线来形容女人的身材。只有曲线与直线相结合，才会使画面更多样，更有装饰性。面是由点与线组成的，而不同于点与线，面有大小、形状之分，面与面的构成关系有很多种，也正是因为这样，画面才会丰富起来。

 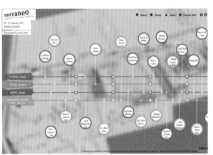

点

  在几何学中，点是没有大小与形状的，但是在网页设计中，点不仅有形状和大小，还有色彩。点可以在网页中形成视觉重心，增强海报的视觉冲击力。

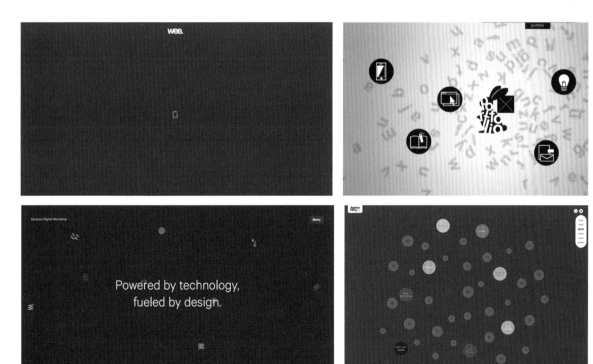

1.5.2 线

线是由点运行所形成的轨迹，又是面的边界。线有很强的表现性，线可以勾勒出很多简单的或者复杂的图形和图案，在造型中起到很重要的作用。

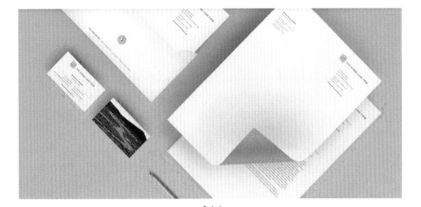

1.5.3 面

面是由线运动构成的，有大小和形状，却没有厚度，但是可以通过明暗不同的面来制造出立体的效果。面与面之间也有着很多的构成关系，例如：分离，指两个面分开，各自在空间里呈现自己的状态；覆叠，指一个面叠压在另一个面上，可以营造出层次感。

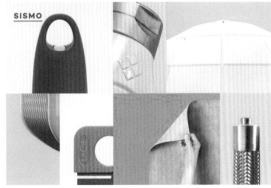

Web Graphic Design

网页设计的基础知识

相比一些传统设计，网页设计具有更多的新特性和表现手法。将传统的设计与电脑、互联网技术相结合，实现网页设计的创新与新兴技术的交流，也能将设计很好地延伸和发展。因此，我们在进行网页设计时，需要先了解网页的一些基础知识，只有了解基础才能进行下一步设计，才能够将网页创作得美观。

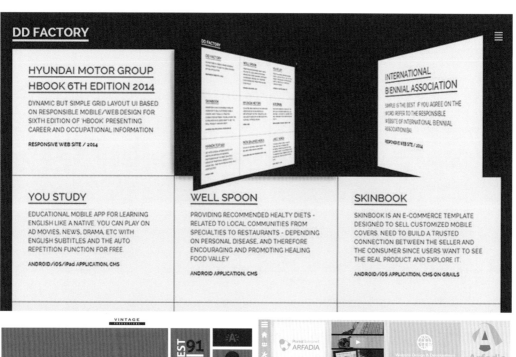

2.1 网页色彩

　　网页色彩是树立网页形象的关键之一。网页色彩鲜明，更容易引人注目；网页色彩独特，才能带来与众不同的色彩感，也能加深网页的视觉印象；色彩的联想，能够突出网页的艺术性内涵。

　　色彩也是十分重要的科学性表达。色彩在主观上是一种行为反应；在客观上则是一种刺激现象和心理表达。色彩的最大整体性就是画面的表现，把握好整体色彩的倾向，再去调和色彩的变化，才能做到更具有整体性。色彩的重要来源是光，也可以说没有光就没有色彩。

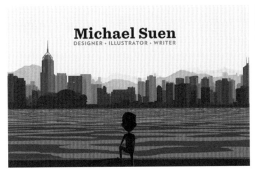

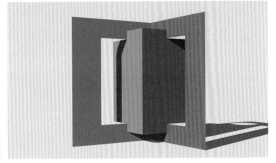

2.1.1 色相、明度、纯度

　　色彩是光引起的，有着先声夺人的力量。色彩的三要素是：色相、明度、纯度。

（1）色相

　　色相是色彩的首要特性，是区别色彩的最精确的准则。色相又是由原色、间色、复色组成的。而色相的区别是由不同的波长来决定的，即使是同一种颜色也要分不同的色相，如红色可分为鲜红色、大红色、橘红色等，蓝色可分为湖蓝色、蔚蓝色、钴蓝色等，灰色又可分红灰色、蓝灰色、紫灰色等。

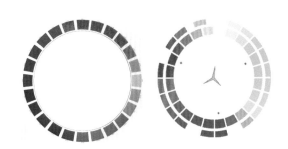

（2）明度

明度是指色彩的明暗程度，明度不仅取决于物体照明程度，还取决于物体表面的反射系数。明度可分为9个级别，最暗为1，最亮为9。这9个级别可划分出三种基调：

1~3级低明度的暗色调，给人沉着、厚重、忠实的感觉；

4~6级中明度色调，给人安逸、柔和、高雅的感觉；

7~9级高明度的亮色调，给人清新、明快、华美的感觉。

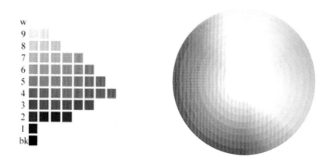

（3）纯度

纯度是色彩的饱和程度，亦是色彩的纯净程度。运用纯度进行色彩搭配，对于强调主题具有意想不到的视觉效果。纯度较高的颜色会给人强烈的刺激感，能够使人留下深刻的印象，但也容易造成疲倦感，如果与一些低明度的颜色相配合则会显得细腻舒适。纯度也可分为三类：

高纯度——8～10级为高纯度，使人产生强烈、鲜明、生动的感觉；

中纯度——4～7级为中纯度，使人产生适当、温和的平静感觉；

低纯度——1～3级为低纯度，使人产生细腻、雅致、朦胧的感觉。

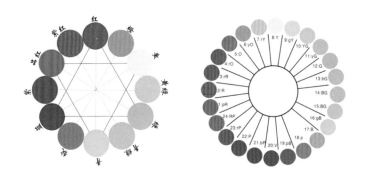

2.1.2　主色、辅助色、点缀色

网页设计要注重色彩的全局性，不要使色彩偏于一个方向，否则会使网页失去平衡感。而空间的色调又可分为：主色、辅助色、点缀色，下面就对此一一进行介绍。

（1）主色

主色是网页中面积最大的色块，起着主导的作用，能够让网页整体看起来更和谐。

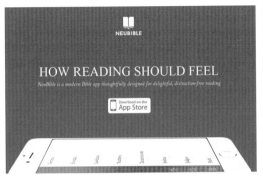

（2）辅助色

辅助色是补充或辅助网页的主体色彩，在网页设计中使用时，最好运用亮丽的色彩表现，可以表达出一定的意义。

（3）点缀色

点缀色在网页设计中占有极小的面积，易于变化又能打破网页整体效果，也能够烘托网页的视觉效果。

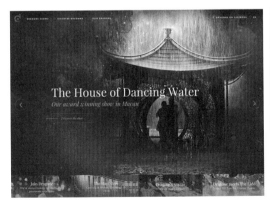

邻近色、对比色

邻近色与对比色在网页设计中应用也较为广泛。网页设计中不仅要高度归纳，还要用色彩表现页面的丰富景象，与不同的元素相结合，能够完美地展现出网页的魅力。

（1）邻近色

邻近色用美术的角度来说，就是在相邻的各个颜色中能够看出彼此的存在，"你中有我，我中有你"；在色环上看就是两者之间相距较近，色彩冷暖性质相同，保持着一样的感情思想。

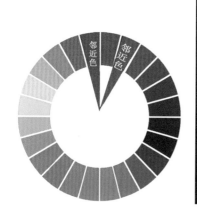

（2）对比色

对比色可以说是两种色彩的明显区分，在24色环上是相距120°~180°的两种颜色。对比色可分为：冷暖对比、色相对比、明度对比、饱和度对比等。对比色拥有强烈的分歧性，适当地运用能够加强空间感的对比和表现出特殊的视觉效果。

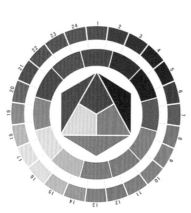

色彩与面积

　　色彩的面积设计与色彩的对比有很大的关系，在一定程度上来说，面积是色彩不可缺少的一个特性，色彩的面积决定着网页视觉空间的变化，掌握着一定的主导作用，色彩的饱和程度也会带来不同的效果。色彩面积的大小对视觉也产生一定的影响，很容易引起浏览者的注意。

色彩混合

　　色彩的混合有加色混合、减色混合和中性混合三种形式。

（1）加色混合

　　在对已知光源色研究过程中，发现色光的三原色与颜料色的三原色有所不同，色光的三原色为红色、绿色、蓝色。而色光三原色混合后的间色相当于颜料色的三原色，色光在混合中会使混合后的色光明度增加。使色彩明度增加的混合方法称为加色混合，也叫色光混合。例如：

①红色光＋绿色光＝黄色光；
②红色光＋蓝色光＝品红色光；
③蓝色光＋绿色光＝青色光；
④红色光＋绿色光＋蓝色光＝白色光。

（2）减色混合

当色料混合一起时，呈现另一种颜色效果，就是减色混合法。颜料的三原色分别是品红色、青色和黄色，因为一般三原色色料的颜色本身就不够纯正，所以混合以后的色彩也不是标准的红色、绿色和蓝色。三原色色料的混合有着下列规律：

①青色+品红色=蓝色；
②青色+黄色=绿色；
③品红色+黄色=红色；
④品红色+黄色+青色=黑色。

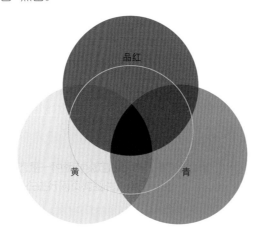

（3）中性混合

中性混合主要有色盘旋转混合与空间视觉混合。把红色、橙色、黄色、绿色、蓝色、紫色等色料等量地涂在圆盘上，旋转之即呈浅灰色。把品红色、黄色、青色涂上，或者把品红色与绿色、黄色与蓝紫色、橙色与青色等互补上色，只要比例适当，都能呈浅灰色。

①旋转混合。在圆形转盘上贴上两种或多种色纸，并使此圆盘快速旋转，即可产生色彩混合的现象，称为旋转混合。

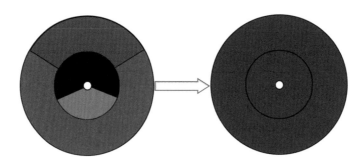

②空间混合。空间混合是指将两种以上颜色并置在一起。用不同色相的颜色并置在一起，按不同的色相明度与色彩组合成相应的色点面，通过一定的空间距离，在人的视觉内产生的色彩空间幻觉感所达成的混合。

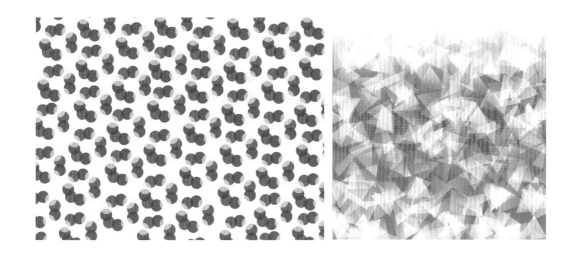

2.1.6 色彩与网页设计的关系

色彩是人情感的一种表达方式，对人的心理和生理都会产生一定的影响。因此网页设计利用人对色彩的感觉，来创造富有个性层次的页面，从而放大网页的异彩。色彩与网页的结合不仅能够给浏览者带来印象深刻的视觉感受，而且能创造出温度、远近等视觉感受。

①温度感的页面。由红色到黄色（红色、橙色、黄色）能够提升网页的温度，从而使人感觉更为温暖，青色、蓝色、紫色以及黑白灰则会给人清凉爽朗的感觉。

②远近感和冷、暖色系相关联。暖色给人突出、前进的感觉，冷色给人后退、远离的感受。

2.2　网页设计的元素

　　网页设计从简单的图文编排到多种视觉元素的综合运用,不仅是一种技能,而且是内容的传达和整体效果的表现。网页设计的元素包括网页的规格、网页的LOGO、顶部通栏、网页文本和图像的设计。

2.2.1　网页的规格

　　一个组织结构良好的网站是便于管理的。通常网页分为七个部分:标识、频道标题(title)、日期、导航、广告、内容和版权信息。

2.2.2 网页的LOGO

网页的LOGO是品牌的象征，能够高效提高认知度，突出网页鲜明的个性和整体结构。大多数标识统一设置在左上方，每个频道也可以拥有自己突出频道的特色。网页上的LOGO可分为三种规格：①88mm×31mm，最为普遍的规格；②120mm×60mm，用于一般大小的LOGO；③120mm×90mm，用于大型的LOGO。

2.2.3　顶部通栏

　　网页顶部通栏以横贯页面的形式展现，大多为暗淡色彩，尺寸也较大，具有较强的视觉冲击力，可以给浏览者留下深刻的印象。

2.2.4　网页文本

　　网页的文字是网页设计的根本，文字的多变风格化也能减少网页的枯燥乏味感。文字可分为三种类型：并列型，是一种均衡平等的状态；对比型，拥有丰富的表现形态；流程型，以同种目标并列共行。

2.2.5 图像

网页设计中的图像（图片）都是压缩形式，通常有：JPEG格式、GIF格式、PNG格式和矢量格式。在网页设计上显示图片也要考虑几个问题：文件大小、图片的数量和质量、合理运用动画。

Web Graphic Design

3

网页设计基础色

红/橙/黄/绿/青/蓝/紫/黑/白/灰

- 红色：警告/大胆/娇媚/富贵/典雅/温柔/可爱/积极/充实/柔软
- 橙色：收获/生机勃勃/美好/轻快/开朗/天真/纯朴/雅致/古典/坚硬
- 黄色：华丽/刺激/柔和/简朴/耀眼/酸甜/轻快/乡土/田园/温厚
- 绿色：无拘束/新鲜/自然/茁壮/诚恳/安心/和谐/希望/痛快/和平
- 青色：坚强/开阔/古朴/淡雅/整洁/轻松/希望/鲜艳/依赖/清爽
- 蓝色：清凉/深远/爽快/镇定/纯粹/理智/纪律/庄重/格调/清凉
- 紫色：优雅/温柔/浪漫/高尚/神圣/思虑/可爱/怀旧/萌芽/诡异
- 黑色：黑暗/严肃/神秘/低沉
- 白色：干净/整洁/朴素/光明
- 灰色：高雅/尖锐/时尚/低调

颜色是有生命的，或开心、或忧郁、或沉着、或浮华，设计师可以通过颜色来表达作品的情感。

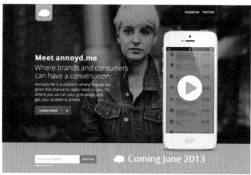

3.1 红

3.1.1 浅谈红色

红色是生命崇高的象征，它总会让人联想到炽烈似火的晚霞、熊熊燃烧的火焰，还有浪漫柔情的红色玫瑰。它似乎有一种神秘的力量总是可以凌驾于一切色彩之上，这是因为人眼晶体要对红色波长调整焦距，它的自然焦距在视网膜之后，因此产生了红色事物较近的视觉错误。

正面关键词：热情、活力、兴旺、女性、生命、喜庆。

负面关键词：邪恶、停止、警告、血腥、死亡、危险。

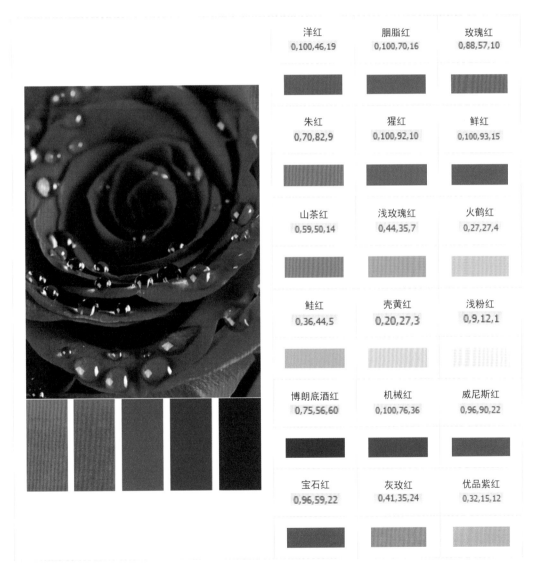

| 洋红 | 胭脂红 | 玫瑰红 |
| 0,100,46,19 | 0,100,70,16 | 0,88,57,10 |

| 朱红 | 猩红 | 鲜红 |
| 0,70,82,9 | 0,100,92,10 | 0,100,93,15 |

| 山茶红 | 浅玫瑰红 | 火鹤红 |
| 0,59,50,14 | 0,44,35,7 | 0,27,27,4 |

| 鲑红 | 壳黄红 | 浅粉红 |
| 0,36,44,5 | 0,20,27,3 | 0,9,12,1 |

| 博朗底酒红 | 机械红 | 威尼斯红 |
| 0,75,56,60 | 0,100,76,36 | 0,96,90,22 |

| 宝石红 | 灰玫红 | 优品紫红 |
| 0,96,59,22 | 0,41,35,24 | 0,32,15,12 |

3.1.2 应用实例

该作品以中明度的红色为主色调，以白色为辅助色，整个版面干净、利落

该作品以中低明度的红色为主色调，大面积的红色可以紧紧抓住人们的眼球

低纯度的红色搭配简单的用色为画面营造出复古色调

3.1.3 常见色分析

鲜红：警告	鲜红色代表了禁止、停止、警告等含义，在设计中常用来给人以强烈的视觉刺激
洋红：大胆	洋红色是招贴画色彩中的代表红色。视认性强，它与纯度高的类似色搭配，展现出更华丽、更有动感的效果
胭脂红：娇媚	胭脂是女士化妆品中不可缺少的，涂上看起来有减龄的效果，除修饰脸形外，还可让整个妆容看起来更健康。而胭脂红色也常用来表现女人的娇媚
玫瑰红：典雅	玫瑰红色是女人的象征。玫瑰红色的色彩透彻明晰，流露出含蓄的美感，华丽而不失典雅
火鹤红：温柔	火鹤红色是女性用品广告中常用的颜色，可以展现女性温柔的感觉
浅玫瑰红：可爱	浅玫瑰红色常用来表现粉嫩、可爱、楚楚动人的感觉，在表现女性产品时常用到
朱红：积极	朱红色在日本叫作"朱色"，印泥就是这种颜色。朱红色搭配亮色展现出朝气十足、积极向上的情感
博朗底酒红：充实	博朗底酒红色与红酒的颜色相近，是一种比较暗的红色

3.1.4　优秀作品赏析

3.2　橙

3.2.1　浅谈橙色

　　橙色是使人温暖、喜悦的颜色，当人们看见橙色总会联想到丰收的田野、漫山的金黄叶、成熟的橘子等美好的事物。亮橙色让人感觉刺激、兴奋，浅橙色使人愉快。橙色也是年轻、活力、时尚、勇气的象征。

　　正面关键词：温暖、兴奋、欢乐、放松、舒适、收获。

　　负面关键词：陈旧、隐晦、反抗、偏激、境界、刺激。

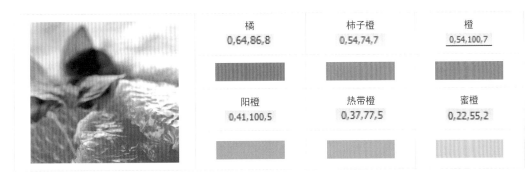

橘	柿子橙	橙
0,64,86,8	0,54,74,7	0,54,100,7

阳橙	热带橙	蜜橙
0,41,100,5	0,37,77,5	0,22,55,2

杏黄 0,26,53,10	沙棕 0,9,14,7	米色 0,10,26,11
灰土 0,13,32,17	驼色 0,26,54,29	椰褐 0,52,80,58
褐色 0,48,84,56	咖啡 0,29,67,59	橘红 0,73,96,0
肤色 0,22,56,2	赭石 0,36,75,14	酱橙色 0,42,100,18

3.2.2 应用实例

该作品以橙色为辅助色，使原本灰色调的画面充满了生气

该作品以橙色搭配白色，使整个版面洋溢着青春、张扬的味道

该作品为食品主题网页，使用橙色为背景颜色，使整个版面变得健康、有活力

3.2.3 常见色分析

橘：收获	橘色能给人以收获的感觉，也有着能让人振作的力量，同时可以点亮空间
阳橙：生机勃勃	阳橙色能给人以庄严、尊贵、神秘等感觉，所以基本上属于心理色性

	蜜橙：轻快	蜜橙色在给人以轻快、动感印象的同时，也透露出不安稳的一面
	杏黄：开朗	杏黄色不但具有橙色特有的乐天、愉快，还有孩子般独特的开朗
	柿子橙：天真	柿子橙色给人一种甜蜜、温情的感觉
	米色：安定	米色多运用于安定感的图案，可以展现出大自然的氛围
	驼色：雅致	驼色看起来高贵、雅致，所以搭配同色调的色彩会更显得柔和与沉稳
	椰褐：古典	椰褐色中包含着橙色轻松、快乐的元素，很容易被接受

3.2.4　优秀作品赏析

3.3 黄

3.3.1 浅谈黄色

黄色是彩虹中明度最高的颜色。因为它的波长适中，所以是所有色相中最能发光的颜色。黄色通常给人一种轻快、透明、辉煌、积极的感受。但是过于明亮的黄色会被认为轻薄、冷淡、极端。

正面关键词：透明、辉煌、权利、开朗、阳光、热闹。

负面关键词：廉价、恶俗、软弱、吵闹、色情、轻薄。

黄 0,0,100,0	铬黄 0,18,100,1	金 0,16,100,0
茉莉黄 0,13,53,0	奶黄 0,8,29,0	香槟黄 0,3,31,0
月光黄 0,4,61,0	万寿菊黄 0,31,100,3	鲜黄 0,5,100,0
含羞草黄 0,11,72,7	芥末黄 0,8,55,16	黄褐 0,27,100,23
卡其黄 0,23,78,31	柠檬黄 6,0,100,0	香蕉黄 0,12,100,0
金发黄 0,9,63,14	灰菊色 0,3,29,11	土著黄 0,10,72,27

3.3.2 应用实例

该作品使用黄色为辅助色，使得版面中的主要内容更具有吸引力

该作品以黄色为主色，白色为辅助色，所以作品为高明度色彩基调

该作品利用不同明度的黄色进行对比，使画面主次分明，内容清晰

3.3.3 常见色分析

黄：华丽	黄色冲击力强，以其为主色调，更加突显产品的华丽感
铬黄：刺激	铬黄色有些偏橙色，是一个显眼并且有个性的色彩，也蕴含着快乐与活力
茉莉黄：柔和	茉莉黄色是一种可以放松心情的治愈系色彩，这种黄色有着花一样的温柔气质
奶黄：简朴	奶黄色表现出的是一种柔和清淡的效果，容易与其他色彩搭配
香槟黄：耀眼	香槟黄色与同样明亮的色彩很相配，可以搭配出轻快的感觉
柠檬黄：酸甜	柠檬黄色有着清晰明亮的性质，同时又不会太过强烈和耀眼，给人以可爱与纯真感以外，又有智慧和理智的特点
卡其黄：乡土	因为日常生活经常看到卡其黄色这个色彩，所以让人有亲近感
黄褐：温厚	黄褐色给人一种恬静而怀念的感觉，搭配较深色彩，可以描绘出微妙的感觉
鲜黄色：轻快	鲜黄色让人感觉到自由翱翔的解放感，充满了快乐与动感、活力与希望

3.3.4 优秀作品赏析

3.4 绿

3.4.1 浅谈绿色

绿色总是会让人联想到春天生机勃勃、清新宁静的景象。从心理上讲，绿色会让人心态平和，给人松弛、放松的感觉。绿色也是能够使人的眼球休息的颜色，多看一些绿色的植物可以缓解眼部疲劳。

正面关键词：和平、宁静、自然、环保、生命、成长、生机、希望、青春。

负面关键词：土气、庸俗、愚钝、沉闷。

	黄绿 9,0,100,16	苹果绿 16,0,87,26	嫩绿 19,0,49,18
	叶绿 17,0,47,36	草绿 13,0,47,23	苔藓绿 0,1,60,47

橄榄绿	常春藤绿	钴绿
0,1,60,47	51,0,34,51	44,0,37,26
碧绿	绿松石绿	青瓷绿
88,0,40,32	88,0,40,32	34,0,16,27
孔雀石绿	薄荷绿	铬绿
100,0,39,44	100,0,33,53	100,0,21,60
孔雀绿	抹茶绿	枯叶绿
100,0,7,50	2,0,42,27	6,0,32,27

3.4.2 应用实例

该作品整体明度较高，明暗对比较弱，淡绿色调给人一种清新、淡雅的视觉感受

该作品以风景照片作为背景，茂密的森林漂浮着蒙蒙的雾气，这种色调给人清幽、深邃的感觉

该作品利用白色的背景颜色将绿色衬托出来，使得整个版面干净、整洁

3.4.3 常见色分析

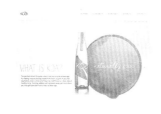

黄绿：无拘束	黄绿色既有黄色的知性、明快，又有绿色的自然，所以可以展现出自由悠然的感觉
苹果绿：新鲜	苹果绿色是一种新鲜水嫩的色相，会令人感觉到希望，通过改变色相，可以制造出各种效果

 叶绿：自然		叶绿色表现的是太阳照射在枝叶上形成很明亮的部分，就像是树丛和阳光共同制造出来的光影结合体
草绿：茁壮		草绿色的色相很自然，是一个放松系色彩，同时让人感觉到刚刚发芽还很幼小的嫩叶会慢慢茁壮成长的那种活力
橄榄绿：诚恳		橄榄绿色的明度和纯度较低，很有安定感，给人一种非常诚恳的印象
常春藤绿：安心		常青藤绿色可以给人安心感和希望，通过与蓝色系搭配的设计，表现出镇静的效果
碧绿：和谐		碧绿色中隐藏了蓝的冷峻，所以给人一种平静、和谐的印象，搭配柔和的蓝色来缓冲对比，可以营造放松的效果
薄荷绿色：痛快		薄荷绿色使人产生一种清爽独特香味的感觉，可以制造出让人放心使用的效果

3.4.4　优秀作品赏析

3.5　青

3.5.1　浅谈青色

青色是一种介于蓝色和绿色之间的颜色，因为没有统一的规定，所以对于青色的定义也是因人而异的。青色颜色较淡时，可以给人一种清爽、冰凉的感觉；青色较深时，会给人一种阴沉、忧郁的感觉。

正面关键词：清脆、伶俐、欢快、劲爽、淡雅。

负面关键词：冰冷、沉闷、华而不实、不踏实。

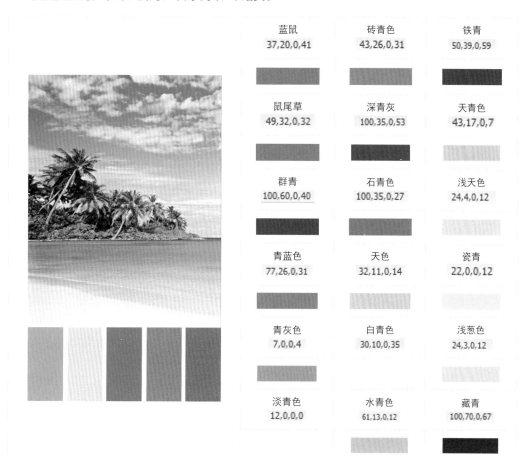

蓝鼠 37,20,0,41	砖青色 43,26,0,31	铁青 50,39,0,59
鼠尾草 49,32,0,32	深青灰 100,35,0,53	天青色 43,17,0,7
群青 100,60,0,40	石青色 100,35,0,27	浅天色 24,4,0,12
青蓝色 77,26,0,31	天色 32,11,0,14	瓷青 22,0,0,12
青灰色 7,0,0,4	白青色 30,10,0,35	浅葱色 24,3,0,12
淡青色 12,0,0,0	水青色 61,13,0,12	藏青 100,70,0,67

3.5.2　应用实例

作为科技网页，该作品以深青色为主色调，这样的配色给人一种高端、科技的视觉感受

该作品以青色为背景颜色，利用颜色的明度变化，使版面产生空间感

该作品中青色的文字在白色背景的衬托下，更加醒目、活跃

3.5.3 常见色分析

	天青色：开阔	淡淡的天青色具有镇定和缓解紧张的作用，给人开阔的感觉
	铁青色：古朴	低明度的铁青色给人淡然的沉淀感，象征着古朴、单纯的品质
	瓷青色：淡雅	瓷青色给人淡雅的印象，具有骄傲、华丽的品质，给人一种轻薄神秘的感觉
	群青色：轻松	群青色有缓解紧张的作用，具有轻松的特点，能迎合人们追求变化的心理
	砖青色：希望	砖青色产生的情感十分丰富，同时能表现一种希望的精神性，体现很强的存在感
	青蓝色：依赖	色调的变化能够使青色有着不同的表现效果，青蓝色能给人依赖的印象
	浅葱色：清爽	浅葱色体现出轻快柔和、不张扬的清爽感觉
	淡青色：整洁	淡青色融入了大量白色的光芒感，给人轻松、舒适的印象，具有华美的感觉

3.5.4 优秀作品赏析

3.6 蓝

3.6.1 浅谈蓝色

蓝色是天空和海浪的颜色，是男性的象征。蓝色有很多种：浅蓝色可以给人一种阳光、自由的感觉；深蓝色给人沉稳、安静的感觉。在生活中许多国家警察的制服是蓝色的，这样的设计起到了使人冷静、镇定的作用。

正面关键词：纯净、美丽、冷静、理智、安详、广阔、沉稳、商务。

负面关键词：无情、寂寞、阴森、严格、古板、冷酷。

天蓝色	蓝色	蔚蓝色
100,50,0,0	100,100,0,0	100,26,0,35
普鲁士蓝	矢车菊蓝	深蓝
100,41,0,67	58,37,0,7	100,100,0,22
丹宁布色	道奇蓝	国际旗道蓝
89,49,0,26	88,44,0,0	100,72,0,35
午夜蓝	皇室蓝	浓蓝色
100,50,0,60	71,53,0,12	100,25,0,53
蓝黑色	玻璃蓝	岩石蓝
92,61,0,77	84,52,0,36	38,16,0,26
水晶蓝	冰蓝	爱丽丝蓝
22,7,0,7	11,4,0,2	8, 2, 0, 0

3.6.2 应用实例

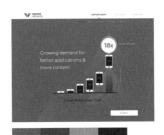

　　该作品中蓝色的背景与白色的文字搭配，给人一种干净、清爽的感觉

　　该作品以蓝色为背景，利用明暗的对比效果将前景中的文字与手机突显出来

　　该作品以蓝色为背景，给人一种稳重、高端的感觉

3.6.3 常见色分析

天蓝色：清凉	天蓝色是日常生活中常见的色彩，清凉感较强，为很多人喜欢
深蓝色：深远	深蓝色在表现出蓝色知性气质的同时，还有着能够深入人心底的力量
蔚蓝色：爽快	蔚蓝色既有着蓝色的理性，又流露出爽快的感觉，会让人觉得自然而平静
矢车菊蓝色：纯粹	矢车菊蓝色比较深厚，所以蓝色的洁净感更为强烈。搭配高明度色系，可以表现得较为清爽
国际旗道蓝：理智	国际旗道蓝色很有存在感，给人一种知性和理智的感觉
普鲁士蓝色：庄重	普鲁士蓝色虽然看起来是一种颜色浓厚的色彩，但因色调较暗，所以给人以沉着、冷静、庄重的印象
水晶蓝：清凉	水晶蓝色比较偏天蓝色并且清凉感更强，是日常生活中常见的色彩，亲近感强，为很多人喜欢
皇室蓝：格调	皇室蓝色表现出理智和权威性，是个格调很高的色彩，会让人感觉到倨傲的气势

3.7 紫

3.7.1 浅谈紫色

在中国的古代，紫色是尊贵的象征，例如"紫禁城""紫气东来"。紫色是红色加上青色混合而来的，它代表着神秘、高贵。偏红的紫色华美、艳丽，偏蓝的紫色高雅、孤傲。

正面关键词：优雅、高贵、梦幻、庄重、昂贵、神圣。

负面关键词：冰冷、严厉、距离、神秘。

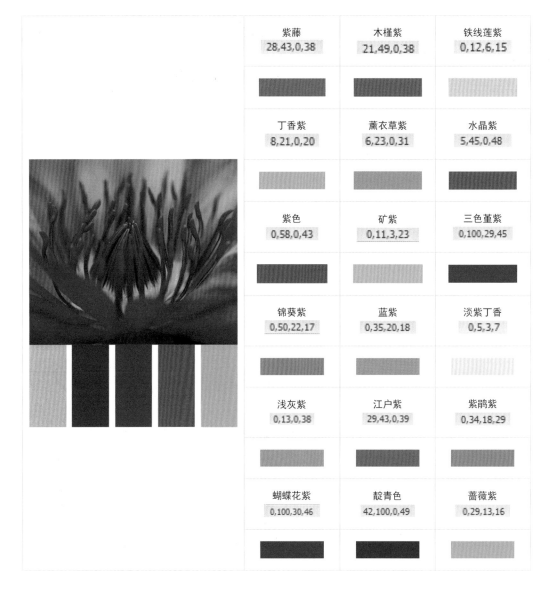

紫藤 28,43,0,38	木槿紫 21,49,0,38	铁线莲紫 0,12,6,15
丁香紫 8,21,0,20	薰衣草紫 6,23,0,31	水晶紫 5,45,0,48
紫色 0,58,0,43	矿紫 0,11,3,23	三色堇紫 0,100,29,45
锦葵紫 0,50,22,17	蓝紫 0,35,20,18	淡紫丁香 0,5,3,7
浅灰紫 0,13,0,38	江户紫 29,43,0,39	紫鹃紫 0,34,18,29
蝴蝶花紫 0,100,30,46	靛青色 42,100,0,49	蔷薇紫 0,29,13,16

应用实例

该作品利用紫颜色的明度与纯度为画面营造了空间感

该作品以紫色为主色调，在与蓝色以及洋红色的鲜明对比中，十分引人注目。黑色背景的使用，将其衬托得更加明显

该作品低纯度、中明度的灰色调背景给人一种舒缓与温和的视觉感受，加上高纯度的绿色、黄色、洋红色进行点缀，使整个版面颜色变化丰富

常见色分析

铁线莲紫色：温柔	铁线莲紫色是温柔的红紫色，它既有着神秘幽幻的印象，又隐约有着粉色温柔的感觉
紫丁香色：浪漫	紫丁香色可以给人一种讲究、浪漫的印象。根据配色的不同还可以表现出华丽的感觉，可以用作珠宝设计的印象色
薰衣草紫色：高尚	薰衣草紫色是一个能够让人感觉到高尚品格的色彩，这一紫色缓和而平静，根据配色的不同，可以演绎出摩登或华丽的效果
紫色：神圣	紫色是一个能完美表现出紫色特质的色彩。单独使用可以更加表现出神圣感
三色堇紫色：思虑	三色堇紫色是色彩偏红、引人注目的强烈色相，有着思虑的印象
蔷薇紫：怀旧	蔷薇紫色是一种低纯度的淡紫色，从这个印象柔和、色相轻浅的色彩中，可以感觉到亲切与怀旧
淡紫丁香色：萌芽	淡紫丁香色非常柔和明亮，搭配同样色调的色彩，可以表现出温柔可爱的萌芽效果
浅灰紫：诡异	浅灰紫色有着不可思议和诡异的感觉，暗藏紫色的象征意义仿佛呼之欲出，性质复杂，根据配色表现多彩图景

3.7.4　优秀作品赏析

3.8　黑

3.8.1　浅谈黑色

黑色是黑暗的象征，既代表着死亡与悲伤等消极的情感，同时也给人尊贵的感觉。作为无彩色，黑色吸收了所有的光线，所以在一些国家及地域被视为不吉祥的色彩，黑色代表崇高、坚实、严肃、刚健、粗莽。

正面关键词：力量、品质、大气、豪华、庄严、正式。

负面关键词：恐怖、阴暗、沉闷、犯罪、暴力。

黑色会给人一种沉稳大气的感觉，它也是经典的永恒主题。黑色衬托金色的图形能够更容易引起公众的注意，充分发挥其设计意图

应用实例

黑色的网页设计有一种神秘的美感,可以给用户最深刻的视觉印象和无限的想象

在汽车主题网页设计中使用黑色调,可以使页面传递出品质、高端的视觉感受

以黑色为主色调,利用蓝色进行调和,这样的配色方案给用户带来一种色调统一又富有变化的视觉感受

优秀作品赏析

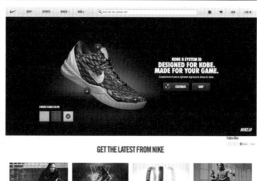

3.9 白

3.9.1 浅谈白色

　　白色包含着七色所有的波长，堪称理想之色。白色象征着光芒，被誉为正义和净化之色。白色代表纯洁、纯真、朴素、神圣、明快。

　　正面关键词：整洁、感觉、圣洁、知性、单纯、清淡。

　　负面关键词：贫乏、空洞、葬礼、哀伤、冷淡、虚无。

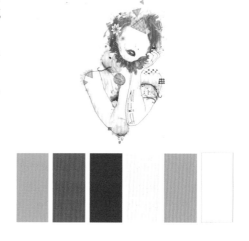

　　白色是光明的代名词，一提起白色就会与明亮、干净、朴素、雅致等词联系在一起，当页面使用白色为主色调时，不仅可以使页面明亮、欢快，还可以将主体突显出来。白色在所有色彩中是明度最高的

3.9.2 应用实例

该作品以白色为主色调，白色的背景显得简洁、大方

该作品以白色为主，简洁的设计有很高的可读性

该作品整体明度较高，白色的背景再搭配低纯度的颜色，给浏览者带来一种柔和、舒缓的视觉感受

3.9.3 优秀作品赏析

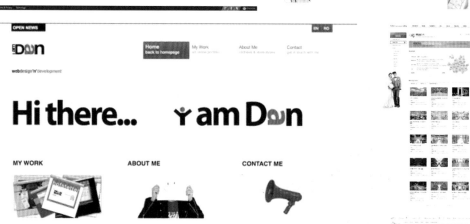

灰

浅谈灰色

　　灰色是介于白色与黑色之间的色调，中庸而低调，同时象征着沉稳而认真的性格。不同明度的灰，会给人不同的感觉。灰色代表忧郁、消极、谦虚、平凡、沉默、中庸、寂寞。

正面关键词：高雅、艺术、低调、传统、中性。
负面关键词：压抑、烦躁、肮脏、不堪、无情。

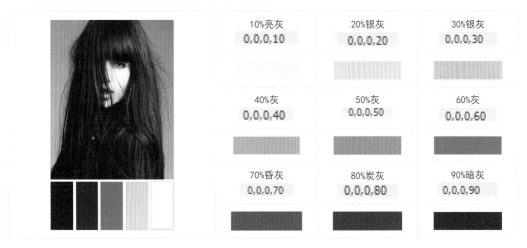

10%亮灰	20%银灰	30%银灰
0,0,0,10	0,0,0,20	0,0,0,30

40%灰	50%灰	60%灰
0,0,0,40	0,0,0,50	0,0,0,60

70%昏灰	80%炭灰	90%暗灰
0,0,0,70	0,0,0,80	0,0,0,90

3.10.2 应用实例

这是一个电子类产品的网页设计作品，背景部分采用白色搭配亮灰色的配色方式，让整个版面干净、清爽

蓝灰色调给人一种时间凝固的美感，前景中添加青色进行点缀，使画面色调统一

该作品通过色彩明度的变化为画面营造空间感，灰色调的用色方案，给人一种低调、神秘的视觉感受

3.10.3 优秀作品赏析

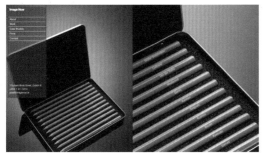

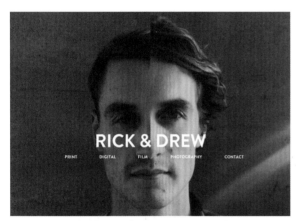

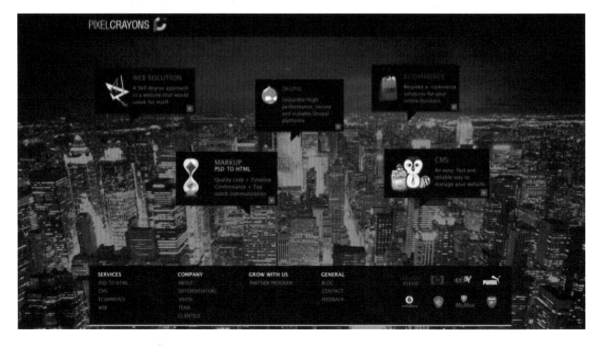

Web Graphic Design

4

网页设计的界面
布局方法

网页的布局对整体规划有着重要的作用，将页面划分成不同的区域，有使整体保持协调一致的效果。网页设计常见的布局有：骨骼型、满版型、分割型、中轴型、曲线型、倾斜型、对称型、焦点型、三角型、自由型等。不同形式的布局具有各自不同的精彩之处，但其目的都是以简化的形式将页面的分类阐述得更加清晰。

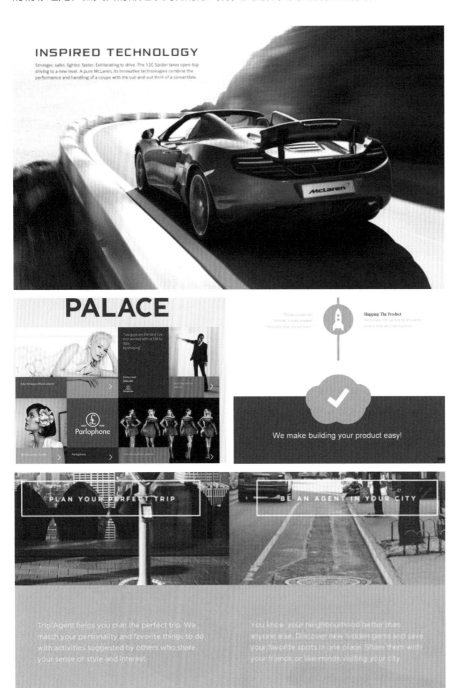

4.1 骨骼型

骨骼型版式是一种规范理性的设计。它由横向和竖向分割而成，虽然骨骼形式的元素较多，但图片和文字安排的形式较为严谨、有序、色调统一稳重，塑造出和谐、理性的美感，视觉感受更加让人一目了然。

4.1.1 手把手教你——骨骼型网页设计方法

形式1： 想要设计出好的主题页面，首先要了解网页设计的主题，以及将要设计的版式。如图，骨骼型的网页设计首先要选好图形元素或文字元素，再将其以骨骼形式摆放设计，让整体能够更好地融合，可以为浏览者展现清晰的画面。

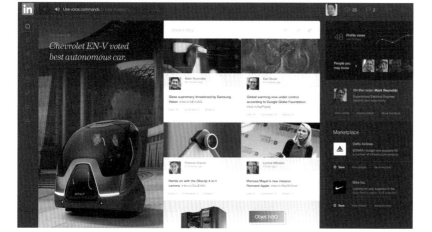

形式2： 该版式以"行"和"列"理性地将画面进行合理的分割，为画面塑造出条理性，给浏览者营造出安宁的感觉。

4.1.2 骨骼型网页设计方案

①骨骼型网页设计将画面展现得稳重、大方，再运用零散有序的文字点缀页面，增加了网页的生动活泼感，同时给浏览者营造出美妙的视觉享受

②该作品网页设计是以运动为主题。设计师将页面以多种不同种类的运动图像元素用骨骼型版式进行展示，为浏览者塑造出温馨、有活力的氛围

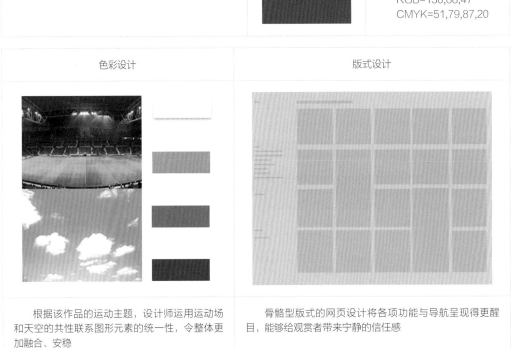

最终效果		
		RGB=255，252,255 CMYK=0,2,0,0
		RGB=180,180,180 CMYK=34,27,26,0
		RGB=80,108,59 CMYK=74,51,92,11
		RGB=97159,180 CMYK=65,28,27,0
		RGB=130,68,47 CMYK=51,79,87,20

色彩设计	版式设计
根据该作品的运动主题，设计师运用运动场和天空的共性联系图形元素的统一性，令整体更加融合、安稳	骨骼型版式的网页设计将各项功能与导航呈现得更醒目，能够给观赏者带来宁静的信任感

4.1.3 骨骼型网页设计

设计说明 大小不同的图形元素将骨骼型版式展示得极富艺术性。

色彩说明 淡淡的粉色、蓝色为版式画面装点出清爽怡人的视觉感。

- RGB=224,224,237 CMYK=15,12,3,0
- RGB=255,203,225 CMYK=0,31,0,0
- RGB=254,74,130 CMYK=0,83,24,0
- RGB=138,207,239 CMYK=48,7,6,0

① 该版式的画面以拟人的手法将画面塑造得更具人性化。

② 每个图形元素之间都有间隔的缝隙，使每个区域都能了然地展示其各自的特点。

设计说明 该作品的骨骼型版式以左右划分来展示，左侧为文字，右侧为清晰的图形，显得条理更加清晰。

色彩说明 该网页以黑色和黄色搭配结合设计，使得页面显得前卫又时尚。

- RGB=211,198,182 CMYK=21,23,28,0
- RGB=242,195,17 CMYK=10,28,90,0
- RGB=106,136,190 CMYK=65,44,11,0
- RGB=180,118,225 CMYK=45,59,0,0
- RGB=17,17,17 CMYK=87,83,82,72

① 每个图形元素下都配有详细的文字说明，能够让浏览者更加清晰地了解页面详文。

② 图形运用黄色与紫色互补的关系来充实画面，令页面色彩显得更加精彩。

4.1.4 骨骼型网页设计小妙招——稍显错落的排版打破呆板

　　骨骼型版式会给人一种逻辑清晰的感觉，但很容易呆板、沉闷。在一些较为活泼的版面中，将排版稍微错落些，能够让版面活泼生动，但不呆板。

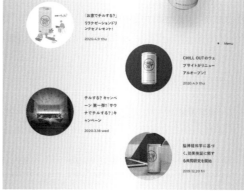

4.1.5 优秀作品赏析

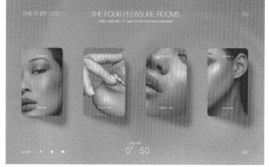

4.2 满版型

满版型版式设计是一幅完整的画面，以图形来引起浏览者的兴趣，以直观的视觉传达形成强有力的视觉冲击感，再运用文字压制画面的漂浮感，将网页的内容传递给观赏者，亦为画面带来饱满感。

4.2.1 手把手教你——满版型网页设计方法

形式1： 设计好网页版式，然后挑选页面的图形，再配以相应的页面文字，让文字与图形构成一个整体，给予网页融合统一的视觉效果。

形式2： 左图作品是满版型的网页设计，设计师将页面以深浅两种不规则的图形拼搭组合，再选用浅颜色的文字压制版面的漂浮感，让浏览者看起来页面更加稳重、大方。

满版型网页设计方案

①满版型网页设计整体效果犹如一幅完整的画卷，以图形来述说网页的内涵与品质，给人带来意想不到的美妙景象

②本作品是一种柔和、沉稳的满版型设计，背景以高速公路场景为主，再铺设上一张朦胧的灰色透明页面，一远一近的结合为页面塑造出空间的层次感；将白色的文字压设在灰色页面四周，为页面与背景构成关联性的连接，而中心的标志与文字则起到整体融合的作用

最终效果		RGB= 239,241,238 CMYK=8,5,7,0
		RGB=239,241,238 CMYK=8,5,7,0
		RGB=239,241,238 CMYK=8,5,7,0
		RGB=65,66,70 CMYK=78,71,64,30
		RGB=134,120,111 CMYK=56,54,54,1

色彩设计	版式设计
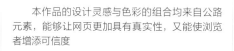	
本作品的设计灵感与色彩的组合均来自公路元素，能够让网页更加具有真实性，又能使浏览者增添可信度	满版型的网页设计，简洁却不失视觉的雅致，能够带动人的思想随着网页波动

4.2.3 满版型网页设计

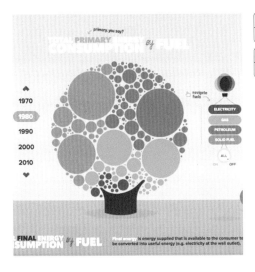

该作品虽是满版型设计，却不是以一幅画来阐述，是以多元素拼搭所构成的整体。

色彩说明 不同明度的绿色不仅能够丰富网页的层次感，又能起到保护浏览者眼睛的作用。

- RGB=208,228,225 CMYK=23,5,14,0
- RGB=78,200,119 CMYK=65,0,68
- RGB=60,139,108 CMYK=77,34,67,0
- RGB=76,59,61 CMYK=71,75,68,35

① 该网页中心的树木以圆形拼搭组合，既能丰富视觉美感，又有着暗示网页圆满之意。
② 该网页四周都用文字来陈设，体现出网页设计的细致，而且方便浏览者查询。

设计说明 该作品图形以实景为铺设，更加具有信服力。

色彩说明 蓝色与白色搭配组合的网页设计，给人清爽的感觉。

- RGB=219,224,220 CMYK=17,10,14,0
- RGB=169,179,171 CMYK=40,25,32,0
- RGB=70,77,70 CMYK=76,64,70,26
- RGB=43,100,129 CMYK=86,60,41,1

① 背景选用略暗的色彩将白色文字衬托得更加清晰，这种色彩深浅的层次感会令浏览者的视觉更加舒适。
② 网页用大量文字衬托，可以起到有效的说明作用。

满版型网页设计小妙招——实物与虚景的不同妙处

关键词：艺术

关键词：清爽

该作品的满版型设计采用虚设的印刷图形来装点画面，带给人若隐若现的朦胧感

实景的满版型设计，更具真实性，又具有强烈的亲切感

4.2.5　优秀作品赏析

4.3 分割型

分割型版式设计可分为上下分割和左右分割两种形式，上下分割是将一个整体分为上下两个部分，给人感性而富有活力的感觉；左右分割给人带来平衡感，是一种自然流畅的手法，更容易让人接受。

4.3.1 手把手教你——分割型网页设计方法

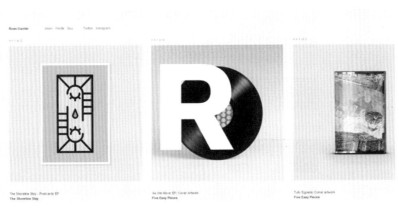

形式1：下图的网页设计是将图形元素以横向排列方式阐述，淡雅的色彩、清晰的画面，给浏览者醒目的视觉感。

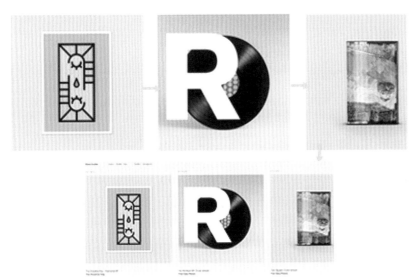

形式2：根据上图我们可以分析出该网页的设计手法，而重要的着手点就是图形元素的构成，它是整个网页的特色突出点，可以突出网页的精美之处。

4.3.2　分割型网页设计方案

①分割型的网页设计较为常见，构思简单而巧妙的设计，能够为网页带来多姿多彩的景象，可以开阔人的视野，又能带来强而有力的视觉效果

②本作品的网页设计不同以往的分割手法，设计师将页面以纵向分割成四份，大小不一的划分可以带来强烈的和谐感，而虚虚实实的景象更能够带动浏览者的好奇心，亦突出了网页的魅力所在

最终效果		RGB=217,210,208 CMYK=18,17,16,0
		RGB=181,153,137 CMYK=35,42,44,0
		RGB=88,52,51 CMYK=63,80,73,38
		RGB=53,50,69 CMYK=83,82,60,34
		RGB=7,7,7 CMYK=90,86,86,77

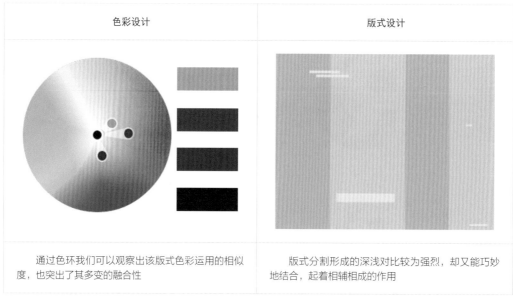

色彩设计	版式设计
通过色环我们可以观察出该版式色彩运用的相似度，也突出了其多变的融合性	版式分割形成的深浅对比较为强烈，却又能巧妙地结合，起着相辅相成的作用

4.3.3 分割型网页设计

设计说明 版面分为左右两部分，左边为商品内容的展示，右边为商品包装的展示，这种分割型的设计让产品信息传递得更加全面。

色彩说明 页面以橙色为主色调，搭配白色整体给人活力、朝气蓬勃的感觉。

- RGB:232,119,25, CMYK:10,65,92,0,
- RGB:41,35,37, CMYK:80,80,75,57,
- RGB:255,255,255, CMYK:0,0,0,0,

① 包装和产品为黑色，在这样的版面中显得尤为突出。
② 版面中的文字贴近产品，让内容清晰、易于理解。

设计说明 该作品以纵向形式将网页分割为三列，使之条理有序。

色彩说明 灰色的背景增添网页的柔和感，再运用黑色和白色突出画面的特色。

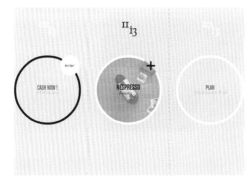

- RGB=255,254,253 CMYK=0,1,1,0
- RGB=218,218,220 CMYK=17,13,11,0
- RGB=171,150,127 CMYK=40,42,50,0
- RGB=0,0,0 CMYK=93,88,89,80

① 该网页设计整体来说是几何型设计，更加具有庄严感。
② 该版式左右两侧的圆形分别以灰色装点，中心则以实景装点，虚实的强烈对比更惟妙惟肖。

4.3.4　分割型网页设计小妙招——纵向分割

关键词：清爽

关键词：抽象

　　该版式以纵向形式将页面分为四列，再以相称的文字展示出网页的内涵，使得网页更加精致

　　该版式以纵向形式将页面分为三列，三者不同的色彩搭配相应的抽象文字，使得网页设计更加具有艺术性

4.3.5　优秀作品赏析

4.4 中轴型

中轴型的网页设计以画面中心为轴心点，这种设计具有平和的流畅感。而且沿中轴处展示，可以增强画面的视觉效果，能够将浏览者视线集中在重心处。

4.4.1 手把手教你——中轴型网页设计方法

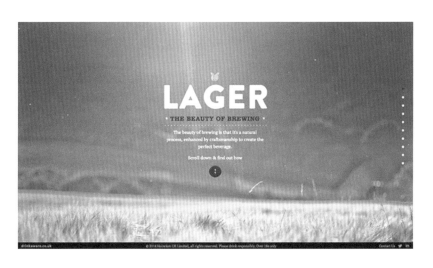

形式1： 该作品是中轴型版式设计，以字符为网页的主体，外加放大的字符可以更好地牵动浏览者视线，进而给人留下深刻的印象。

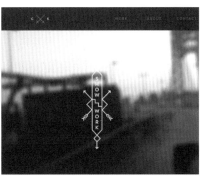

形式2： 下列作品以不同景象来展示中轴型网页设计，前者突出卡通的趣味；后者则能突出网页的真实性。

4.4.2 中轴型网页设计方案

①中轴型网页设计以中心展示为主，不仅能够展示出网页的整洁，而且能塑造出网页的精美之处

②该作品的中轴型设计突破了以往的传统设计，背景采用卡通铺设可以丰富画面，中心处则以深色的条形装点网页的稳重感，再配以弧形的文字塑造出网页的灵动性

最终效果		
		RGB=253,255,254 CMYK=1,0,1,0
		RGB=150,202,239 CMYK=45,12,3,0
		RGB=42,125,175 CMYK=80,46,20,0
		RGB=1,56,146 CMYK=100,87,15,0
		RGB=11,39,60 CMYK=98,87,62,42

色彩设计	版式设计

卡通形象是最具有活力、灵动性的，而这样的版式设计恰好符合年轻人的喜好，外加清爽的蓝色，更会给浏览者带来舒适的感觉

中轴型展示以深浅两色装饰，使得该版式更具层次感

4.4.3　中轴型网页设计

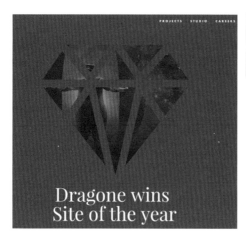

该作品的中轴型网页设计是一种垂直形式，给人舒畅的感觉。

该网页采用紫色主题，给人带来尊贵、神秘的感觉。

RGB=2343,21,235 CMYK=10,10,6,0
RGB=175,64,184 CMYK=48,81,0,0
RGB=118,48,118 CMYK=67,94,30,0
RGB=67,19,67 CMYK=81,100,56,32
RGB=34,30,87 CMYK=98,100,53,16

①该网页版式图形分割成钻石的形态，为页面营造出精致的景象。
②白色的文字点缀页面显得格外雅致。

该作品是简洁亮丽的中轴型网页设计。

该网页最为突出的色彩是红色和蓝色，营造出色彩对比的精彩之处。

RGB=2454,25,245 CMYK=5,4,4,0
RGB=191,191,191 CMYK=29,23,22,0
RGB=238,100,87 CMYK=7,75,59,0
RGB=23,166,182 CMYK=75,18,31,0
RGB=29,35,35 CMYK=85,77,76,59

①蜂窝型的图形设计，给予页面丰盈亮丽的景象。
②该网页的文字采用黑色装饰，能够给观赏者带来更加醒目的视觉感受。

4.4.4　中轴型网页设计小妙招——色彩的沉着感

关键词：沉着　　　　　　　　　　　　　　　关键词：尊贵

黑灰色的网页将页面展现得沉着、稳重，令网页更具庄严感

紫色的背景为网页增加尊贵感，桃红色与白色的文字点缀出网页的中心，整体简易又精彩

4.4.5　优秀作品赏析

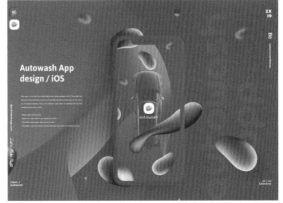

4.5 曲线型

曲线型网页设计更有节奏和韵律感。曲线型网页设计中的图形和色彩运用，能够增加内容的形象感，还可以渲染主题，使得版式更加精致，以动感的活力来吸引浏览者的注意。

4.5.1 手把手教你——曲线型网页设计方法

形式1：左图作品中的曲线型网页设计采用不同的形式展示，前者是将曲线绘制成图形点缀出页面的活力；后者是以弯曲的线条挥洒在页面，给人一种自由、安逸的舒适感。

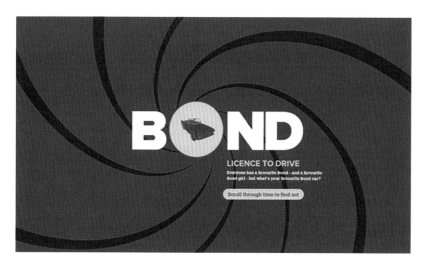

形式2：左图作品是将多条弯曲的线条以中心处向四周散发，营造出远近的视觉感受。

曲线型网页设计方案

①曲线型版式设计线条较为生动，版面给人热烈而活跃的感觉，使得网页点击率更高

②该网页的曲线型设计是以中心处弧形来划分页面的，左侧采用文字装饰，右侧采用色彩装饰，条理清晰的页面更会令人喜欢

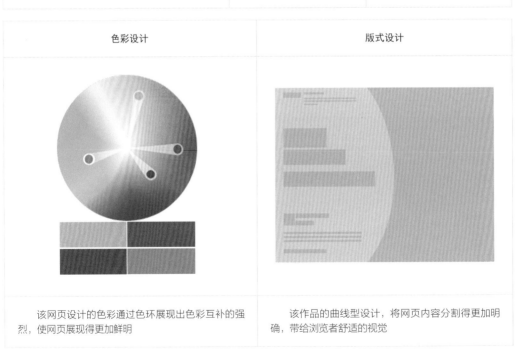

最终效果		RGB=255,255,255 CMYK=0,0,0,0
		RGB=237,183,63 CMYK=12,34,80,0
		RGB=208,58,67 CMYK=23,90,70,0
		RGB=115,68,136 CMYK=68,83,21,0
		RGB=67,155,118 CMYK=73,24,64,0

色彩设计	版式设计
该网页设计的色彩通过色环展现出色彩互补的强烈，使网页展现得更加鲜明	该作品的曲线型设计，将网页内容分割得更加明确，带给浏览者舒适的视觉

曲线型网页设计

设计说明 该版式的网页设计以弯曲的线条牵引着页面,增添页面的生动性。

色彩说明 绿色是该网页的主色,清新又富有强烈的自然感。

- ☐ RGB=255,255,255 CMYK=0,0,0,0
- ▨ RGB=136,193,172 CMYK=52,11,39,0
- ▨ RGB=114,163,142 CMYK=61,25,49,0
- ▨ RGB=241,150,41 CMYK=7, 52,86,0

① 该页面采用白色的线条指引着网页标题,亦为网页带来趣味性。

② 画面以狼形隐隐地装饰画面,暗示着页面的自然清新感。

设计说明 该网页的画面以弯曲的S线条串联着页面文字,使得页面更具贯穿性。

色彩说明 红色背景与蓝色的文字形成鲜明的对比,使页面色彩展示得更加强烈。

- ☐ RGB=254,254,252 CMYK=0,1,1,0
- ▨ RGB=217,54,65 CMYK=18,91,70,0
- ▨ RGB=54,53,123 CMYK=92,92,28,1

① 白色弯曲的线条成为整体的点缀之色,令页面更加突出。

② 色彩、文字、图形融合展示,增添了浓厚的层次感。

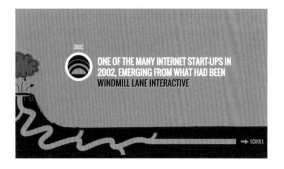

4.5.4 曲线型网页设计小妙招——不同的线条与色彩

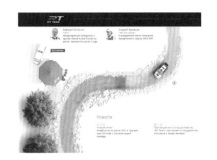

关键词：淡雅

关键词：热情

以实物面粉装饰画面，真实性的元素使得页面与浏览者的关系更加密切

该网页的色彩以红色和黑色为主，上部分红色、下部分黑色塑造出沉稳的画面，表情丰富的人物形象将页面展现得极为有活力

4.5.5 优秀作品赏析

4.6 倾斜型

倾斜型设计是一种特殊的网页设计，以不同的形式带来立体的视觉感和卓越感。而该网页的布局与色彩设计的整洁、规整，能够吸引更多的浏览者，给人留下深刻的视觉印象。

4.6.1 手把手教你——倾斜型网页设计方法

形式1： 下图作品均采用黄色、黑色、白色组合设计，鲜明的黄色能够给人带来强烈的视觉冲击；黑色能够安抚黄色的跳跃性。

形式2： 白色的室内景象，再以青色的透明边条铺设画面，将整体赋予着纯净的儒雅感。

4 网页设计的界面布局方法

085

4.6.2 倾斜型网页设计方案

① 倾斜型的网页设计层次较为鲜明、强烈，不仅能够将网页塑造得美轮美奂，更能牵引着浏览者的好奇心

② 该作品以倾斜手法将网页分为左右两个区域，左侧的青色上衬托着白色文字，能够起到突出的作用；右侧则是隐隐露着背景图形，塑造出版面强烈的动感

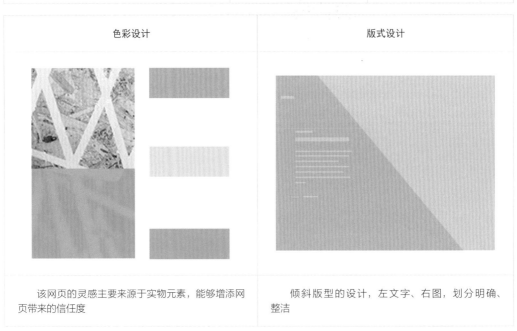

最终效果		RGB= 239,242,247 CMYK=8,5,2,0
		RGB=35,186,177 CMYK=71,5,40,0
		RGB=190,209,216 CMYK=30,13,14,0
		RGB=198,171,128 CMYK=28,35,52,0
		RGB=17,20,25 CMYK=89,84,77,68

色彩设计	版式设计
该网页的灵感主要来源于实物元素，能够增添网页带来的信任度	倾斜版型的设计，左文字、右图，划分明确、整洁

4.6.3 倾斜型网页设计

- □ RGB=24,20,0 CMYK=82,79,96,71
- ▨ RGB=255,208,0 CMYK=4,23,89,0
- ▨ RGB=219,179,0 CMYK=21,33,95,0
- ■ RGB=24,20,0 CMYK=82,79,96,71

① 不同明度的色彩将网页划分得极为独特，散发着创新的艺术性。

② 每个区域都有相应的文字展示，使得整体既融合又具有实用性。

- ▨ RGB=197,197,197 CMYK=26,20,20,0
- ■ RGB=5,5,5 CMYK=91,86,87,78

① 该网页的色彩一轻一重，合理地划分出空间区域感。

② 简单清晰的文字，带给浏览者清晰的景象，使得网页更加端庄、雅致。

倾斜型网页设计小妙招——高明度与低明度的色彩

关键词：清凉

关键词：暗淡

色彩以中心处倾斜划分，青色、蓝色两种邻近色不仅点亮了整体画面，而且突出了网页的主题

该作品的网页设计以倾斜的灰色背景展示，用真实的氛围感牵引着浏览者的心弦，令该网页设计更加具有影响力

4.6.5 优秀作品赏析

4.7 对称型

对称型设计为网页创造出平衡、和谐秩序的美感。对称型设计可分为：反射对称、旋转对称和平移对称。反射对称犹如镜面反应，有对角的、垂直的对称等；旋转对称是以一点绕着某个方向转动，具有动感的意味；平移对称是将某个物体移动到另一个位置，形态大小不变。

4.7.1 手把手教你——对称型网页设计方法

形式1：该作品的对称设计简洁，阐述出秩序和完整性。

形式2：该网页设计是平移对称，打造出运动和速度的效果。

4.7.2 对称型网页设计方案

① 该网页设计以反射对称展示，使得网页整体融合性更加强烈，亦散发着浓厚的和谐美

② 该网页的设计以中心处将页面划分为左右对称，虽是对称却将两面展示着不同的信息内容；页面若隐若现的花纹将网页塑造得更加多彩

最终效果		RGB= 254,254,255 CMYK=1,0,0,0
		RGB=187,191,202 CMYK=31,23,16,0
		RGB=108,120,146 CMYK=66,52,33,0
		RGB=247,155,130 CMYK=3,51,44,0
		RGB=0,127,232 CMYK=81,47,0,0

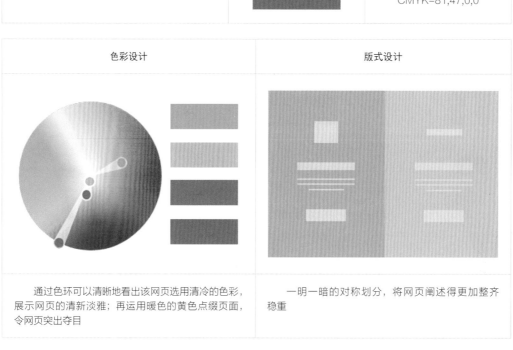

色彩设计	版式设计
通过色环可以清晰地看出该网页选用清冷的色彩，展示网页的清新淡雅；再运用暖色的黄色点缀页面，令网页突出夺目	一明一暗的对称划分，将网页阐述得更加整齐稳重

4.7.3 对称型网页设计

设计说明 该网页设计属于反射对称。

色彩说明 紫灰色为主题的网页设计，将网页塑造得典雅尊贵。

■ RGB=178,185,177 CMYK=36,24,30,0
■ RGB=122,106,98 CMYK=60,59,59,5
■ RGB=81,61,86 CMYK=76,81,53,19
■ RGB=72,72,72 CMYK=75,68,65,27

①该网页的实景设计犹如照片一样明显突出，使得网页更能吸引浏览者。
②该网页设计上方设有黑灰色边条，白色的文字点缀着页面，减少网页的乏味感。

设计说明 该网页以颜色阐述网页的对称设计。

色彩说明 红色明艳、蓝色清凉，冷暖结合展示出色彩对比的亮点。

■ RGB=131,155,171 CMYK=55,34,28,0
■ RGB=7,95,125 CMYK=91,62,43,2
■ RGB=255,0,40 CMYK=0,96,79,0
■ RGB=18,20,19 CMYK=87,82,82,70

①该网页中心的图形将冷暖色连接在一起，让整体变得更加融合。
②将文字展示在网页中心位置，能够更容易让浏览者注意到。

4.7.4 对称型网页设计小妙招——同对称的形式

关键词：青翠

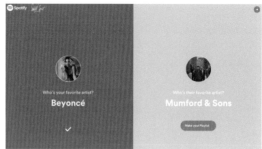

关键词：和谐

该作品的网页是反射对称，页面、文字、色彩都选用统一元素，令网页设计整体感更加强烈

该作品形态、色彩的强烈对比，令整体对应具有刺激的醒目性

4.7.5 优秀作品赏析

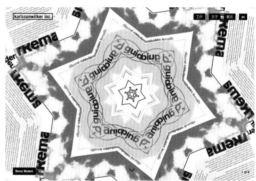

4.8 焦点型

焦点型的网页设计通过牵引浏览者的视线产生强烈的视觉效果。中心焦点型的网页设计是将文字与图形聚拢在中心，吸引人的注意，使得网页内容一一呈现出来。

4.8.1 手把手教你——焦点型网页设计方法

形式1：下图网页将圆形展示在中心，让中心处成为重要的焦点，能够容易抓住浏览者的视线。

形式2：该网页采用两个层次设计，底层选用真实的背景，上层选用中心处有圆形镂空的白色透明层展示，令中心处焦点能够很好地聚集。

4.8.2 焦点型网页设计方案

①焦点型的网页设计以抓住浏览者视线为主，这样才能让浏览者对网页进行更详细的观察

②该焦点型网页设计采用黑色、橘红色和白色装饰整个页面，白色文字展示在中心、橘红色装饰网页边缘，能够为页面起到扩容感，将中心变得更为突出

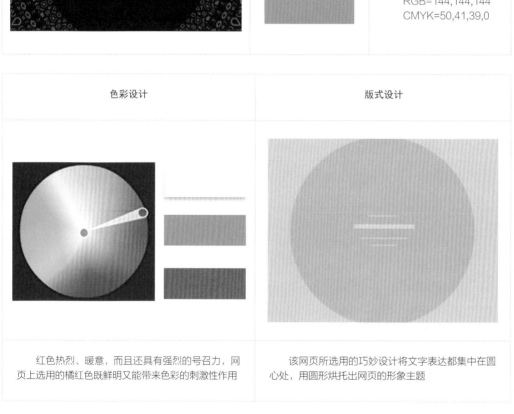

最终效果		
		RGB=252,252,252 CMYK=1,1,1,0
		RGB=246,48,9 CMYK=1,91,97,0
		RGB=144,144,144 CMYK=50,41,39,0

色彩设计	版式设计
红色热烈、暖意，而且还具有强烈的号召力，网页上选用的橘红色既鲜明又能带来色彩的刺激性作用	该网页所选用的巧妙设计将文字表达都集中在圆心处，用圆形烘托出网页的形象主题

4.8.3 焦点型网页设计

设计说明 该网页设计是焦点型网页设计。

色彩说明 该网页的灰色上装点黄色的文字，使得网页更具深度。

- ☐ RGB=252,252,252 CMYK=1,1,1,0
- ■ RGB=90,90,90 CMYK=71,63,60,13
- ■ RGB=19,19,19 CMYK=86,82,82,70
- ☐ RGB=247,166,57 CMYK=4,45,80,0

①该网页的图片背景能够加强、巩固网页的辨识度。
②文字信息能够阐述网页的真实性。
③情景与文字的结合避免了网页的严肃感和距离感。

设计说明 该作品设计一如既往地是以圆形展示焦点型网页设计。

色彩说明 蓝色的网页能够给人带来海洋般的清爽感，外加黑色的融合又增加了网页的神秘感。

- ☐ RGB=237,248,244 CMYK=10,0,7,0
- ■ RGB=38,132,142 CMYK=81,39,44,0
- ■ RGB=2,35,52 CMYK=99,86,66,49
- ■ RGB=1,2,6 CMYK=93,89,85,77

①中心处白色的图形与翻滚的浪花样式神似，也显得该表达极为生动。
②白色线形组合展示出灵动的韵味感。

4.8.4 焦点型网页设计小妙招——圆形的焦点设计

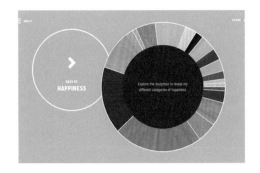

关键词：优雅

关键词：淳朴

彩虹色的圆圈以网页中心为视觉焦点，以独立而轮廓分明的形象，将网页变得更加突出

该网页将多种圆形聚拢在中心运动，令网页活泼而具有弹性

4.8.5 优秀作品赏析

4.9 三角型

　　三角型网页设计象征着稳定的图形。而三角型设计可分为：侧三角、正三角和倒三角。正三角能够给人带来端正稳定的感觉；倒三角给人一种动感；侧三角则是一种既动感又安稳的体验。

4.9.1 手把手教你——三角型网页设计方法

形式1：下图网页设计是以多种角度的三角组合展示，将网页展示得更加灵活。

形式2：正三角与倒三角的结合将网页的均衡感展示得更加强烈。

4.9.2 三角型网页设计方案

①三角型版式排列和变化形成视觉上的节奏和变化，以及形式上的变化，赋予网页强烈的号召力

②该网页的三角型版式以文字大小的渐变给予浏览者舒适的视觉感受，突出各元素的个性化

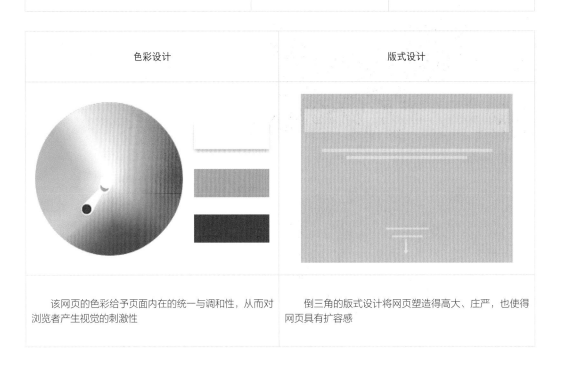

最终效果		RGB=240,253,255 CMYK=8,0,2,0
		RGB=148,162,169 CMYK=49,32,30,0
		RGB=41,72,82 CMYK=87,69,60,24

色彩设计	版式设计
该网页的色彩给予页面内在的统一与调和性，从而对浏览者产生视觉的刺激性	倒三角的版式设计将网页塑造得高大、庄严，也使得网页具有扩容感

三角型网页设计

设计说明 图形与文字组合成的网页设计给予主题个性化的情感。

色彩说明 红色与橘色装点画面，减去了网页平淡、乏味的感觉，反而更具吸引力。

- ☐ RGB=241,244,247 CMYK=7,4,3,0
- ▉ RGB=231,145,24 CMYK=12,53,92,0
- ▉ RGB=71,79,64 CMYK=75,63,75,27
- ▉ RGB=231,76,69 CMYK=10,83,68,0

①白色的背景采用红色的文字，避免了页面的模糊性。
②页面中真实的元素加强了页面的真实性和完整性。

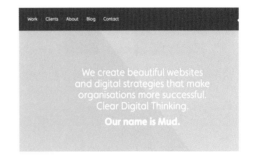

设计说明 本作品三角型的版式设计富有时代感，鲜艳的版式设计给浏览者带来视觉的刺激感。

色彩说明 红色与黑色相互衬托，增加了网页的可读性。

- ▉ RGB=215,221,221 CMYK=19,11,13,0
- ▉ RGB=156,162,163 CMYK=45,33,32,0
- ▉ RGB=241,24,66 CMYK=4,95,65,0
- ▉ RGB=0,0,0 CMYK=93,88,89,80

①该网页设计以突出视觉要素抓住网页的主导，给浏览者构成良好的印象。
②该网页的色彩由浅至深地递加展示，将其层次分析得更加清晰。

三角型网页设计小妙招——绿色的清爽感

关键词：美观

关键词：质朴

　　该网页的设计以横向将网页划分成黑色、白色两个区域，再选用绿色倒三角分别装饰两个区域，使其有一个融合的连接，让网页更加具有整体性

　　该网页将左侧装设成一个倒三角，再将其三角划分为绿色、蓝色两个区域，用文字阐述将其展示得更清晰

4.9.5　优秀作品赏析

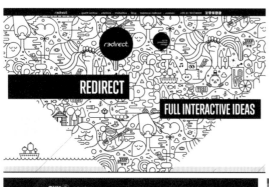

自由型

自由型的版式设计能够带给浏览者活泼、轻松感。自由型的版式设计不具有约束感，反而具有独特的个性化，更能把握好画面的协调性。

手把手教你——自由型网页设计方法

形式1：下图的网页设计前者用多张元素展示自由型设计，更加舒适随性；后者选用线性的几何形状展示网页，营造浪漫舒适的景象。

形式2：随性、抽象的插画将网页塑造得极为艺术和丰满，更能吸引年轻人的喜爱。

4.10.2　自由型网页设计方案

①自由型网页设计以数字铺垫网页，再以灰色的字条增强页面的活跃性和强烈的识别性

②该作品的网页设计通过版面传递出页面的自由、轻松感，给浏览者带来创新的新颖感，增强了视觉传递的效果

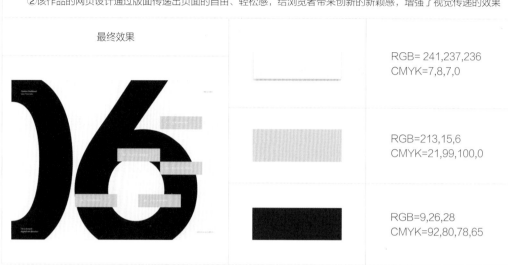

最终效果

RGB= 241,237,236
CMYK=7,8,7,0

RGB=213,15,6
CMYK=21,99,100,0

RGB=9,26,28
CMYK=92,80,78,65

色彩设计

版式设计

该网页设计用夸张的数字元素增强网页内容的表达效果，进而吸引浏览者的注意力

该版式编排设计和组合为网页构成一个有机的整体，使得网页更具整体美感

自由型网页设计

设计说明 该网页设计采用文字与图形装点出网页的自由流动性。

色彩说明 设计师将多种色彩与主题相结合，并自觉地融入意境，散发出自然的融合感。

RGB=200,200,200 CMYK=25,19,19,0
RGB=239,95,163 CMYK=8,76,4,0
RGB=233,83,37 CMYK=9,81,88,0
RGB=27,138,190 CMYK=79,38,16,0
RGB=75,169,60 CMYK=71,14,96,0

① 黑色灵动的文字用纤细的线条牵引着多个圆形，令网页整体的统一性更加完整。
② 该网页上部分采用醒目的大型文字展示页面，使得浏览者一目了然。

设计说明 该网页是自由型版式设计。

色彩说明 黄色以及与其互补的紫色主导着页面，使得色彩装饰得格外亮丽。

RGB=197,197,197 CMYK=26,20,20,0
RGB=243,157,70 CMYK=6,49,75,0
RGB=84,200,179 CMYK=63,0,40,0
RGB=127,99,140 CMYK=60,67,29,0

① 背景采用虚实的动画楼景，将网页塑造出远近的距离感。
② 画面中增添动画人物图形，添加了页面的活力，使得网页更具生机感。

自由型网页设计小妙招——耐人
寻味的色彩

关键词：清雅

一条弯曲灵动的线条牵引着自由摆放的图形元素，给予浏览者轻巧、舒适的感受

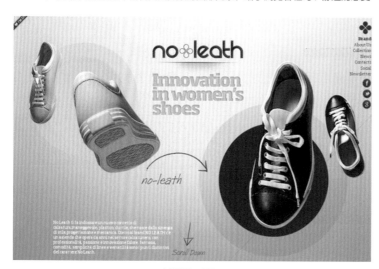

关键词：柔和

该作品的网页设计采用不同角度的鞋子装饰画面，而灰色的网页设计带给人高
贵、雅致、耐人回味的感觉

Web Graphic Design

5

网页设计的构成元素

网页是由导航、banner、模块和文字构成。导航是访问者寻找内容的一个途径，起到方便查找的作用；banner指的是网页中的横幅、标题等内容，可以表现和突出网页的中心内容；模块就是指一个模板，可以合理地规划和整理页面内容；文字则是必不可少的构成元素。

5.1 导航

导航是网页设计中非常重要的构成元素，导航可以起到指引访问者找到所需内容的作用。导航有栏目菜单、辅助菜单、在线帮助等表现形式。导航通常位于网页的顶部或是banner的下方，是访问者一眼就可以看到的。

5.1.1 手把手教你——网页导航设计方法

形式1：导航是网页设计的重要组成部分，当网页的构图为满版型时，导航可以放置在画面的中间部分，与画面融为一体，也可以加底色，使其突出。

形式2：当导航栏位于画面上方时，若是有图片，可以为导航栏加一个底色，当导航栏下方为空白时，则可以直接放置文字。

网页导航设计方案

①该网页的导航栏位于画面的顶部，也就是banner的上方，浅灰色的背景使得黑色的文字可以凸显出来，带有灰度的图片位于画面的上、下方，起到平衡画面的作用，蓝色的色条作为点缀色使画面整体更加突出

②该作品网页设计是以食品为主题，首先在画面的上方设置一个标题栏，点击的地方会呈现蓝色，然后截取两部分食品的图片，将其放置在导航的下方和画面的底部，并在上方加以白色的文字，在画面的中心放置三个圆形的食物图片，并辅以文字，最后在其下方加入一个蓝色的色条，加以文字点缀

最终效果		
		RGB=1,187,212 CMYK=72,6,22,0
		RGB=221,140,81 CMYK=17,55,70,0
		RGB=83,131,50 CMYK=73,40,100,2
		RGB=178,86,130 CMYK=38,78,29,0
		RGB=235,202,106 CMYK=13,24,64,0

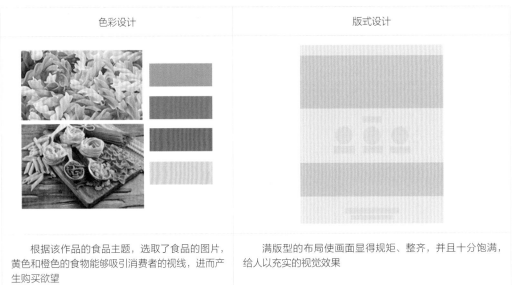

色彩设计	版式设计
根据该作品的食品主题，选取了食品的图片，黄色和橙色的食物能够吸引消费者的视线，进而产生购买欲望	满版型的布局使画面显得规矩、整齐，并且十分饱满，给人以充实的视觉效果

网页导航设计

设计说明 这是一张食品类的网页设计，上下放置图片，导航位于其中间，相比图片的复杂颜色，白色可以使导航栏更加突出，吸引视线。

色彩说明 食物本身的诱人色彩在绿色的衬托下更加突出，让人感觉食物会香甜可口，带有灰度的背景也使得画面显得沉稳、安静。

■ RGB=112,180,3 CMYK=62,11,100,0
■ RGB=237,46,15 CMYK=6,92,98,0
■ RGB=40,97,135 CMYK=87,62,36,1
■ RGB=65,48,48 CMYK=72,77,73,46

① 色彩明暗的对比使得中心导航更加突出。
② 食物本身的鲜艳色彩可以起到吸引人们视线的作用。

设计说明 该作品是一个服装网页设计，导航位于画面的上方，便于人们观看。

色彩说明 该网页以黑色、红色结合搭配来设计，既魅惑又有一丝野性，产生的对比也十分强烈。

■ RGB= 234,81,83 CMYK=9,82,59,0
■ RGB=248,6,41 CMYK=0,97,81,0
■ RGB=128,148,162 CMYK=57,38,31,0
■ RGB=114,114,114 CMYK=63,55,52,1
■ RGB=20,20,20 CMYK=86,82,81,70

① 画面中女人与男人的造型使画面产生了很强的动感。
② 该网页排版规则、简约，大面积的留白也使得画面具有几分透气感。

5.1.4 网页导航设计小妙招——垂直导航

垂直导航设计是目前流行的导航方式，通常位于页面左侧或右侧，常应用于长滚动式页面中。这种导航方式可以方便用户随时定位，快速跳转，非常方便。

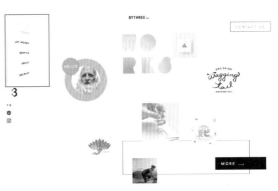

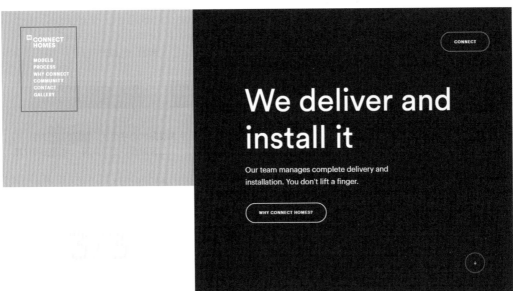

5.1.5 优秀作品赏析

5.2 banner

banner指的是网页设计中的大横幅,通常网站中的横幅代表网页的中心主题,同时也起到吸引访问者的作用。故而,网页banner的设计显得尤为重要。

5.2.1 手把手教你——网页banner设计方法

形式1: banner一般位于导航的下方,是一个横穿画面的图片,可以在图片上加一层带有透明度的灰色,使画面显得稳重、雅致。

形式2: 该网页大体上底色是白色,加一些清新的颜色作为点缀,使画面给人以平衡、简约的视觉效果。

网页banner设计方案

①这是一个满版型版式的网页设计，导航的下方就是banner，截取了一个不完整的女人形象，使用了由红色到紫色的渐变色，使画面充满了魅惑与神秘。下方运用了几个分割的小块分出了四种内容，供访问者参考选取

②根据设计的主题，首先在画面的最上方设置一个导航，填充成紫色，然后放置一张横向贯穿了画面的图片作为banner，设置成由红色到紫色的渐变效果，并在图片的中心加入白色的文字，最后将banner下方的位置平均分成四份，分别放置四张图片，并在每个图片的中心都放置一些文字

最终效果

RGB=196,14,55
CMYK=30,100,78,1

RGB=92,7,150
CMYK=81,100,2,0

RGB=210,194,11
CMYK=26,22,94,0

RGB=103,169,20
CMYK=65,17,100,0

RGB=25,152,197
CMYK=77,29,17,0

色彩设计

版式设计

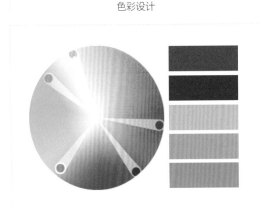

本作品的颜色取自于色环，波普感觉的色彩使画面显得既张扬又时尚，同时还增强了画面的视觉冲击力

满版型的网页设计，简洁却不失视觉的雅致，能够带动人的思想随着网页波动

5.2.3　网页banner设计

设计说明　该作品是一个关于时尚的网页设计，banner在画面中尤为显眼、突出，也体现了网页的主题——时尚。

色彩说明　该网页的背景为白色，搭配深灰色，使画面显得简约、时尚。

- ■ RGB=227,150,73 CMYK=14,50,74,0
- ■ RGB=122,118,113 CMYK=60,53,53,1
- ■ RGB=102,36,49 CMYK=57,92,73,36
- ■ RGB=36,34,48 CMYK=86,85,67,51

① 该网页中的文字都位于画面的中心，既方便人们阅读，又使画面具有层次感。

② 该网页下方的图片与文字排列十分规整，也起到了平衡画面的作用。

设计说明　这是一个商务类的网页设计，画面分割排列得十分整齐，给人以沉稳、干练的感觉。

色彩说明　同色系的蓝色搭配灰色与白色，使画面呈现出既清新又稳重的视觉效果。

- ■ RGB=16,181,235 CMYK=71,12,6,0
- ■ RGB=37,197,245 CMYK=67,2,6,0
- ■ RGB=15,216,174 CMYK=66,0,47,0
- ■ RGB=120,120,120 CMYK=61,52,49,1

① 利用同色系的蓝色点缀画面，使画面变得更加丰富。

② 该网页中配有大量的文字，起到有效的说明作用。

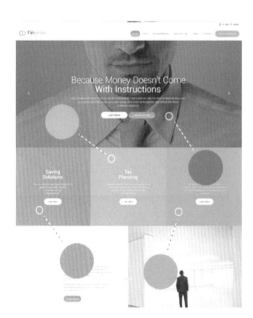

网页banner设计小妙招——动感时尚的灰色图片

关键词：动感

关键词：时尚

该作品的banner内容极具动感，搭配深灰色，使画面产生炫酷的视觉效果，橙色作为点缀色，为画面营造出了强烈的对比效果

画面整体由灰黑色搭配白色构成，使画面产生冷酷、时尚的视觉效果

5.2.5 优秀作品赏析

5.3 模块

模块指的就是在网页设计中出现的几何形状的色块。不管是图像构成的模块，还是纯色的色块，与背景颜色搭配一定要和谐，纯色的色块可以是画面中出现的颜色，这样画面看起来能够更加整体、和谐。

5.3.1 手把手教你——网页模块设计方法

形式1： 下图的网页设计大体上都是运用图片来形成模块的，可以是无缝拼接的，也可以是圆形排列的，还可以是不规则排列的。不同的模块所形成的画面风格也不尽相同。

形式2： 设计中既有图片模块又有图形模块时，图形模块的颜色可以取自于banner中面积最大、最突出的颜色，可以使画面整体颜色保持统一。

网页模块设计方案

①模块是网页设计中必不可少的，本作品由矢量图形构成，倾斜放置的长方形与正方形使画面产生了强烈的动感。画面整体由黄色系的颜色构成，给人以温暖、和谐的视觉效果

②根据设计的主题，首先将画面填充成赭石色，然后将模块呈"V"形排列，在模块中加入一些不完整的图案，使其产生切割的效果。在画面的上方加上导航，在空白处加入文字，以完整画面

最终效果		RGB=148,40,20 CMYK=46,95,100,16
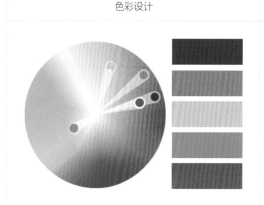		RGB=242,111,33 CMYK=4,70,88,0
		RGB=254,197,82 CMYK=3,30,72,0
		RGB=98,152,145 CMYK=66,31,45,0
		RGB=176,79,63 CMYK=38,80,78,2

色彩设计	版式设计
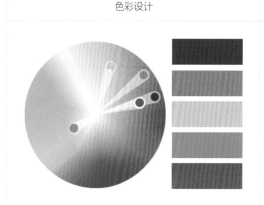	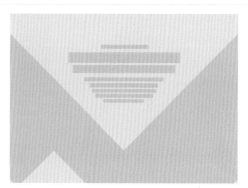
通过色环我们可以观察出该设计色彩运用的相似度，也突出了其多变的融合性，同色系的黄色搭配在一起，使画面显得和谐而温暖	版式分割形成的对比较为强烈，大致形成了尖角的形状，使画面充满了动感

网页模块设计

设计说明 该作品中含有许多模块，使得画面的条理更加清晰，并且模块还将主要的产品展示了出来。

色彩说明 浅灰色与深灰色搭配，使画面显得既冷酷又高档，点缀一些柔和的颜色，使画面产生了女性的气息。

　RGB=152,89,89　CMYK=48,73,60,4
　RGB=218,197,173　CMYK=18,25,32,0
　RGB=111,114,119　CMYK=65,55,49,1
　RGB=28,30,35　CMYK=86,81,74,60

① 模块的放置使画面显得更加规整，便于人们观看。
② 该网页背景使用了渐变色，使画面具有动感。

设计说明 该作品中的banner是一个大模块，下方还有六个小模块，使画面看起来十分规整、沉稳。

色彩说明 灰色调的图片增添了网页的柔和感，点缀上红色，使画面产生热情的视觉效果。

　RGB=78,191,220　CMYK=64,8,16,0
　RGB=224,183,73　CMYK=18,32,77,0
　RGB=251,82,85　CMYK=0,81,57,0
　RGB=115,69,58　CMYK=56,76,76,24

① 该网页设计整体来说是几何型设计，使画面在具有动感的同时也显得很稳定。
② 白色的文字放置在图片上，显得十分清晰。

5.3.4　网页模块设计小妙招——几何形状

关键词：长方形　　　　　　　　　　　　　　　　　关键词：三角形

　　该作品以纵向形式将页面分为四个长方形，其中第一个长方形由文字构成，其余三个则是由图片构成，使得网页更加精致、规整

　　该作品的中心由三角形无缝拼接而成，使得网页设计更加具有艺术性，颜色上既有和谐又有对比，使得画面十分丰富

5.3.5　优秀作品赏析

5.4 文字

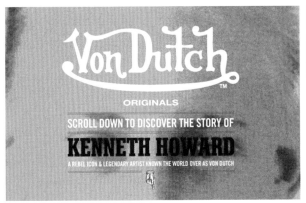

文字是网页设计中不可或缺的构成要素，导航中、banner上、模块中都少不了文字，文字起到了引导访问者与解释说明画面的作用，在不同风格的网页设计中，文字的字体形状也不尽相同。

5.4.1 手把手教你——网页文字设计方法

形式1：将文字内容以左对齐的方式进行排列，文字规整地排列在一起，使文字可以图形化，使得画面更加丰富。

形式2：文字以居中的方式排列，一般放置在画面的中心处，便于访问者观看，可以在文字周围加入一些图形或线条，丰富画面。

5.4.2 网页文字设计方案

①该作品是由18个长方形构成的，每个长方形上都有文字或图案，文字的字体进行了不同的设计，不仅能够展示出网页的整洁，又能塑造出网页的精美之处。彩色的色块也使得画面更加丰富

②根据设计的主题，首先在画面的上方设置一个导航，然后将余下的部分分为18个小方块，在每个小块的中心都放上白色的文字或图形，在左下角标注字母或图形所代表的含义

最终效果		RGB=60,183,227 CMYK=67,13,10,06
		RGB=252,112,47 CMYK=0,70,81,0
		RGB=224,80,63 CMYK=14,82,73,0
		RGB=251,196,56 CMYK=5,29,81,0
		RGB=50,82,145 CMYK=87,73,22,0

色彩设计	版式设计
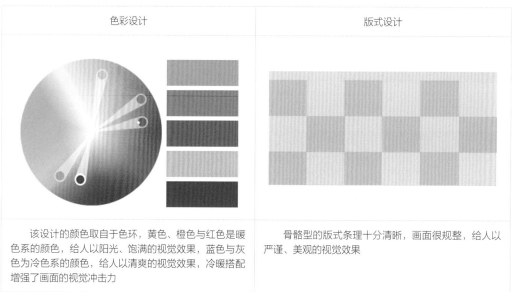	
该设计的颜色取自于色环，黄色、橙色与红色是暖色系的颜色，给人以阳光、饱满的视觉效果，蓝色与灰色为冷色系的颜色，给人以清爽的视觉效果，冷暖搭配增强了画面的视觉冲击力	骨骼型的版式条理十分清晰，画面很规整，给人以严谨、美观的视觉效果

网页文字设计

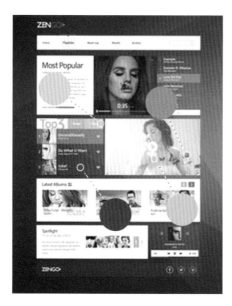

 该作品是一个流行歌曲的网页设计，画面中的文字与图像相搭配，使画面不再单调、乏味，可以通过文字大小来确定内容的主次。

 该网页使用紫色为主色，给人以尊贵、神秘的视觉效果，点缀对比色黄色，使画面产生了亮点。

■ RGB=234,127,58 CMYK=9,62,79,0
▨ RGB=245,208,17 CMYK=10,21,89,0
▨ RGB=247,184,153 CMYK=3,37,38,0
■ RGB=110,49,82 CMYK=64,91,54,16

①该网页中黑色的文字与白色的文字搭配显得画面十分和谐。
②橙色的文字点缀页面显得格外雅致。

 该作品是关于食品的网页设计，banner是蔬菜的图片，在其下方则是网页的导航，主要内容排列在下方，平衡了画面。

色彩说明 该网页由红色、橙色、黄色、绿色几种颜色构成，色彩的饱和度很高，画面给人以鲜艳、饱满的视觉效果。

▨ RGB=254,190,9 CMYK=3,33,89,0
▨ RGB=248,88,5 CMYK=0,79,95,0
■ RGB=110,157,18 CMYK=64,26,100,0
■ RGB=200,23,32 CMYK=27,99,98,0
■ RGB= 108,36,38 CMYK=54,92,85,36

①实物图片的摆放，给予页面丰盈、亮丽的景象。
②该网页的文字图形化，能够给观赏者带来更加醒目的视觉感。

网页文字设计小妙招——增加标题文字字号，增加文字对比

网页中的文字需要分清主次关系，这时可以增加标题文字的字号，使得标题文字与内容文字形成强烈反差，从而达到吸引人注意的作用。

5.4.5　优秀作品赏析

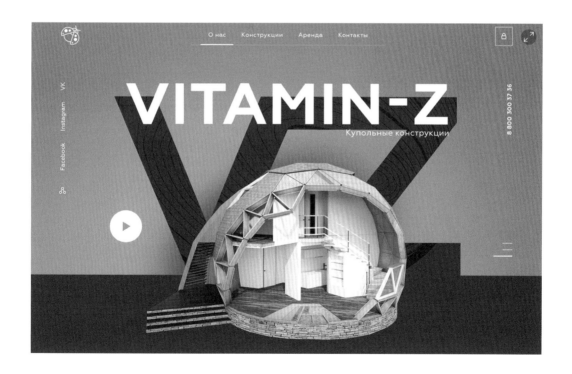

Web Graphic
Design

不同行业的网页
色彩搭配

网页是一个信息储存空间，要求页面背景色彩明亮，文字要暗些，对比度高，要给浏览者一个清晰的视野。还要注意网页标题处的色彩一般都采用深色，导航菜单背景色也要暗些，这样才能够将网页的内容与菜单准确区分开。下面以不同行业的网页设计来学习网页色彩的搭配。

6.1 食品类

食品类网页设计可以用一句话来说:"图片意味着一切。"这样说有些夸张,但却很真实。对于浏览者来说,精美的美食图片不仅能够勾起食欲,还能带来愉悦的心情。这也是食品类网页设计多采用鲜明色彩和真实图片组合的原因。

6.1.1 手把手教你——食品类网页设计方法

形式1:该网页以鲜花丰富页面,并且衬托食品的香美。

形式2:横穿画面的深色菜单栏与绿色的背景完美区分,绿色背景图片也喻示着食品的健康安全。

食品类网页设计方案

①能够令人兴奋的东西很多，网页想要起到令人兴奋的最好办法就是色彩的运用，而红色是最佳的选择，能够提高人们的兴奋度，又能增强网页的视觉效果

②该作品是食品类网页设计，选用深红色边条放置于网页底部，又能为网页增添风采，给浏览者带来温暖、平和的感觉

最终效果		RGB=250,254,253 CMYK=2,0,2,0
		RGB=198,181,130 CMYK=28,29,53,0
		RGB=65,82,28 CMYK=77,58,100,30
		RGB=132,25,15 CMYK=49,99,100,25
		RGB=0,3,2 CMYK=92,87,88,79

色彩设计	版式设计
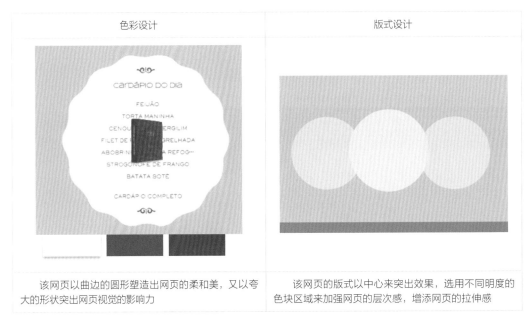	
该网页以曲边的圆形塑造出网页的柔和美，又以夸大的形状突出网页视觉的影响力	该网页的版式以中心来突出效果，选用不同明度的色块区域来加强网页的层次感，增添网页的拉伸感

6.1.3 食品类网页设计

设计说明 该作品是甜美的冰淇淋的网页设计。

色彩说明 网页以粉色来展现主题的甜蜜、香甜口味，以深棕色来展示主体的浓厚韵味。

- RGB=246,246,246 CMYK=4,3,3,0
- RGB=230,140,152 CMYK=12,57,28,0
- RGB=44,28,20 CMYK=74,81,87,64
- RGB=27,27,25 CMYK=84,79,81,66

①设计师选用网页色彩明度的变化来拉伸网页的空间感。
②该页面上所选用的真实物体为网页素材，既能丰富网页的视觉效果，又可以展示出网页的真实性。
③该页面的上半部分是画面的装设，下半部分则是详细的文字，使得网页具有清晰的视野。

设计说明 该作品是饮品的网页设计。

色彩说明 蓝色与黄色的对比，展示出网页清爽、别致的轻盈感。

- RGB=255,255,255 CMYK=0,0,0,0
- RGB=255,163,0 CMYK=0,47,91,0
- RGB=53,137,202 CMYK=76,40,7,0
- RGB=33,90,148 CMYK=89,67,24,0

①条理清晰的区域划分，再选用白色加强网页色彩的融合性。
②每个色块区域都设有文字搭配，可以让浏览者根据信息去查找自己想要的饮品。

6.1.4　食品类网页设计小妙招——通过颜色让画面变得"更好吃"

　　关于食品类的网页设计，通常需要突出"美味"这个主题，为了让食品的图片看起来更有食欲，可以增加图片的颜色饱和度，让鲜艳的食物照片紧紧拴住观者的味蕾，从而激发购买的欲望。

6.1.5　优秀作品赏析

6.2 服装类

服装类的网页设计不仅仅是为了设计而设计，而是为了更好地突出网页信息内容，也不是单一地为了让浏览者感觉网页好看，而是为了更好地展示出网页的内涵，亦能够使得页面有强烈的功能效果。

6.2.1 手把手教你——服装类网页设计方法

形式1： 该作品多以实物元素展示网页，更能突出网页的真实。

形式2： 该作品以上下两个部分划分网页。上部分以五种不同服装风格的人物展示；下部分是以三种不同服装的模块展示。两个部分以横穿页面的黑色条幅连接，使整体得以和谐统一。

COMPANY | STORE LOCATOR | CUSTOMER SERVICE | CATALOG REQUEST | TRACK ORDER | PRIVACY POLICY | TERMS OF USE

© 2013 BCBG MAX AZRIA GROUP, INC. ALL RIGHTS RESERVED

服装类网页设计方案

①服装类网页设计是服装商品的良好平台，不仅在编排上有所讲究，还在界面设计和美工上有所突出表现，能够提高网页的欣赏力度

②该作品的服装网页设计以视觉形式来引导浏览者对网页功能的了解，更多地融入了现代时尚的潮流。不同明度的灰色结合运用将整体的层次构成合理划分

最终效果		RGB=255,255,255 CMYK=0,0,0,0
		RGB=229,229,229 CMYK=12,9,9,0
		RGB=80,76,77 CMYK=73,68,64,23
		RGB=34,34,34 CMYK=83,78,77,60
		RGB=0,0,0 CMYK=93,88,89,80

色彩设计	版式设计
	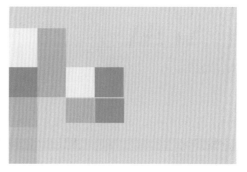
服装网页设计主要是为了凸显服装的亮点与精彩之处，而选用真实的模特照片装饰页面是对浏览者最好的传达方式	虽是以不同模块划分的页面，却也将其完美进行左右划分，构成部分与整体相结合，不仅丰富了层次，而且塑造出了独特的视觉效果

服装类网页设计

设计说明　这是一个女装的网页设计，整体版面简洁、大方。大面积的留白让版面更"透气"，更容易被商品所吸引。

色彩说明　整个版面以白色作为背景色，大面积的白色，给人干净、整洁的视觉感受。

▢ RGB: 220,217,218 CMYK: 15,15,12,0
▢ RGB: 255,255,255 CMYK: 0,0,0,0
■ RGB: 21,19,220 CMYK: 85,82,80,70

① 商品部分采用浅灰色的背景，让视觉效果统一，并且保证了整个版面干净的效果。

② 商品照片选择多个角度的图片，让视觉效果更丰富。

设计说明　该作品是女性服装网页设计。

色彩说明　同色系的粉色搭配，彰显出女性的柔美感。

▢ RGB=255,253,254 CMYK=0,1,0,0
▢ RGB=240,197,204 CMYK=7,30,12,0
■ RGB=230,77,133 CMYK=12,82,23,0
■ RGB=75,69,69 CMYK=73,70,66,29

① 该网页彰显出艺术性的活力，大胆的艺术创新使得网页更具特色。

② 统一的粉色没有单调的乏味感，将网页展现得更加俏皮可爱。

服装类网页设计小妙招——网页的版式设计

关键词：清澈

关键词：清新

该网页的设计采用分割的手法展示，图片没有缝隙的横向连接，为浏览者的浏览过程增添了便利

该网页以图形打造整体统一，又以绿色和黄色展示出网页清新淡雅的氛围

优秀作品赏析

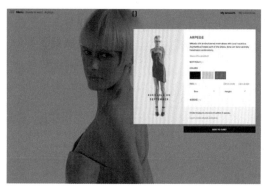

6.3 企业类

　　企业类网页设计重要的是考虑实际的浏览效果，该类网页设计不是一味地使用图形背景来设计网页，这样不仅不能够充分发挥出网页本身的含义，而且会给浏览者带来单一、乏味的感觉。该网页设计是重用文字丰富画面和阐述网页信息，使得网页更具可读性。

6.3.1 手把手教你——企业类网页设计方法

　　形式1： 每个网页的构成都缺少不了图形、文字、色彩等元素的应用，想要将网页设计得更好，就要了解网页的主题形式，再将其元素结合展示。

　　形式2： 下图的作品是点、线结合的运用，使画面展现出灵动的韵味感。

6.3.2 企业类网页设计方案

①企业类网页设计是一种视觉语言传达，极为注重编排形式，使网页构成强烈节奏的空间层次感，视觉效果也极为强烈

②该网页设计以虚实页面突出网页的魅力，能够更好地吸引浏览者，亦能吸引更多的人

最终效果		
		RGB=255,255,255 CMYK=0,0,0,0
		RGB=108,152,179 CMYK=63,34,24,0
		RGB=110,127,135 CMYK=64,47,43,0
		RGB=67,65,66 CMYK=76,71,67,32
		RGB=45,45,45 CMYK=80,75,73,50

色彩设计	版式设计
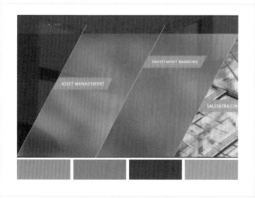	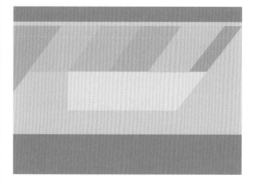
该网页倾斜式的页面设计将网页分割成四份，更加便于浏览者的使用，而且构成了清晰的导向	该版式虽以丰富的分割形式展示页面，却也遮挡不了网页肃静、文雅的韵味

6.3.3　企业类网页设计

设计说明　该作品是具有视觉立体感的网页设计。

色彩说明　黄色与黑色的对比来突出网页的重点，产生强烈的视觉效果。

- RGB=224,225,220 CMYK=15,10,13,0
- RGB=247,180,6 CMYK=6,37,91,0
- RGB=30,30,30 CMYK=84,79,78,63
- RGB=0,0,0 CMYK=93,88,89,80

① 黑色与黄色倾斜的结合将页面塑造出倾斜的立体空间，使得页面更具有深度。
② 文字以服从信息的内容将其简洁大方地展示出来，给人更鲜明的节奏感。

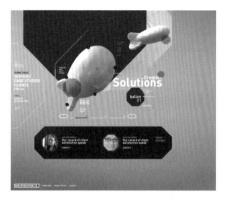

设计说明　该作品是纵向垂直的网页设计。

色彩说明　酒红色的尊贵典雅再配以黑色的沉稳感，使得网页给人一种独特的印象。

- RGB=240,240,240 CMYK=7,5,5,0
- RGB=27,27,27 CMYK=84,80,79,65
- RGB=241,200,168 CMYK=7,28,34,0
- RGB=88,20,33 CMYK=58,81,47

① 深色的页面铺设上白色，给人别出心裁的强烈视觉享受。
② 深色的背景上采用浅色的字体，浅色的背景采用深色的字体，这样互补的手法更容易让浏览者一目了然。

6.3.4　企业类网页设计小妙招——富饶与简易的对比

关键词：深沉

同色系的色彩展现出页面的新颖、整洁，丰富的文字又显得优美流畅

关键词：儒雅

该网页以灰色简易地展示网页设计，再以鲜明的黄色突出网页的醒目

6.3.5　优秀作品赏析

6.4　美妆类

美妆类网页设计多以色彩装点页面，网页的色彩构成又分为：同种色彩、邻近色彩、对比色彩、暖色、冷色等，而好的色彩搭配又能给访问者带来强烈的视觉冲击力，一方面能够吸引访问者的注意力，另一方面有助于网页的主题宣传。

6.4.1　手把手教你——美妆类网页设计方法

 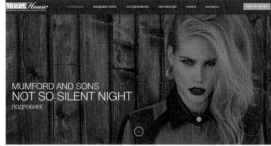

形式1： 化妆品的网页设计是满版型的，以图形充满整个版式，再用文字压置在图像上，展示着强烈的视觉传达效果。

形式2： 分割型的网页设计，图像的部分感性而具有活力，文字则更加理性而平静。

美妆类网页设计方案

①美妆类网页设计的变化条理清晰，自然而有序地传达出信息诉求的重点，具有强烈的整体感和变化感

②该作品的美妆网页设计彰显着大小区域的划分，加强了视觉的力度，以强化页面的整体来吸引浏览者

最终效果		RGB=218,218,218 CMYK=17,13,12,0
		RGB=190,212,197 CMYK=31,10,26,0
		RGB=208,198,227 CMYK=22,24,1,0
		RGB=236,43,138 CMYK=8,90,11,0
		RGB=0,0,0 CMYK=93,88,89,80

色彩设计	版式设计
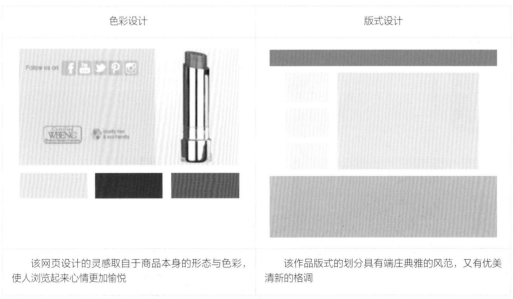	
该网页设计的灵感取自于商品本身的形态与色彩，使人浏览起来心情更加愉悦	该作品版式的划分具有端庄典雅的风范，又有优美清新的格调

6.4.3 美妆类网页设计

色彩
说明　黑色与白色的色彩组合使得网页更加经典。

☐ RGB=255,255,255 CMYK=0,0,0,0
■ RGB=240,177,188 CMYK=7,41,16,0
■ RGB=99,83,108 CMYK=71,72,47,5
■ RGB=1,0,0 CMYK=93,88,89,80
①用人物展示商品的美感，突出商品的使用美。
②分割手法与反射手法的结合，将网页塑造得更加灵美生动。

设计
说明　该作品是美妆网页设计，以新颖的手法突出网页的独特性。

色彩
说明　黑色、白色、灰色的组合将页面绘制成信封的样式，为网页内容增添一丝神秘感。

☐ RGB=255,255,255 CMYK=0,0,0,0
■ RGB=175,177,184 CMYK=37,28,23,0
■ RGB=0,0,0 CMYK=93,88,89,80
■ RGB=195,64,73 CMYK=30,88,67,0
①以中心处展示网页，使得页面更具庄严感。
②人物、物品结合在一起展示网页，令网页更具真实和实用性。

6.4.4　美妆类网页设计小妙招——黑色对称版式

关键词：素朴

关键词：清冷

　　该作品是对称版式设计，给人均衡的感觉。黑色的庄严再加上朦胧的金色展示出网页的沉稳和神秘感

　　黑灰色的网页给人一种灵气逼人的感觉，外加版式的对称，更使得网页具有沉静感

6.4.5　优秀作品赏析

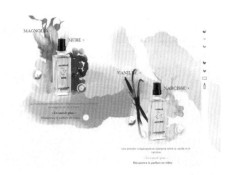

6.5 数码类

数码类网页设计多以视觉直接传达出网页的内涵,而网页的构成要素包括文字、图形、标志、色彩等。数码类网页设计也是如此,使得页面更有生机,也不会感到枯燥,更能清晰地突出主题。

6.5.1 手把手教你——数码类网页设计方法

形式1: 该网页是以多个图片无缝隙连接而成的,突显内容的丰富感和网页的真实性。

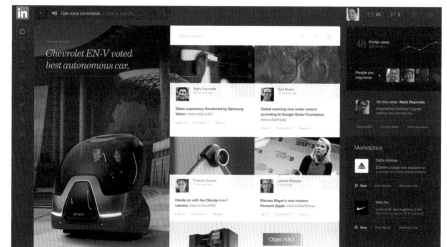

形式2: 一眼望去该页面主要是由黑色、白色、灰色三大色块来划分的,白色区域在页面的中间,恰好将网页划分为三个区域,以这种形式划分使得整体感官上更加清晰。

数码类网页设计方案

①该作品的网页以"虚实结合"的手法来设计，黑白色调、蓝色调，以及实木纹路，无一不体现网页所散发的清新舒适感

②以中心处横向划分网页，将其划分为上下两个区域。上部分大量以灰色铺设页面；下部分以不同明度的蓝色构成页面的空间感。中心处白色的图片是两者之间的连接，这样看起来页面更具整体化

最终效果		RGB=255,255,253 CMYK=0,0,1,0
		RGB=127,160,169 CMYK=56,31,31,0
		RGB=170,163,144 CMYK=40,34,43,0
		RGB=209,48,100 CMYK=23,92,43,0
		RGB=20,19,15 CMYK=85,81,86,71

色彩设计	版式设计
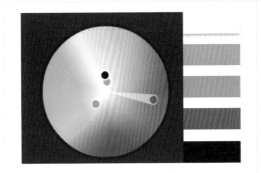	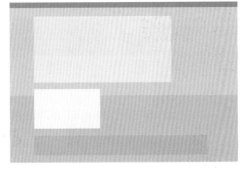
通过色环展现出该网页色彩较为纯净、淡雅，同时也突出了页面的平静感	自由型的版式设计，随性却有规律，减掉了拘束的章法

6.5.3 数码类网页设计

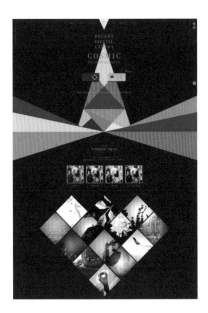

以新颖、时尚的风格创作该网页作品。

深色的背景衬托浅色的文字来解说网页，鲜艳的色彩更能突出网页的亮丽感。

- RGB=210,215,79 CMYK=27,10,78,0
- RGB=219,78,86 CMYK=17,82,58,0
- RGB=32,154,141 CMYK=78,24,51,0
- RGB=122,25,123 CMYK=67,100,22,0
- RGB=23,14,35 CMYK=91,96,69,61

①画面整体以几何三角形主导画面，创造出平面与立体相结合的视觉感受。

②精致小巧的文字，清晰又不扰乱画面，令整体感官极为悦目。

由上至下、由小变大的图形结合，增强了网页的伸展性。

黑色与黄色搭配出经典、时尚的韵味感。

- RGB=255,255,255 CMYK=0,0,0,0
- RGB=253,221,0 CMYK=7,15,88,0
- RGB=16,11,8 CMYK=86,84,87,75
- RGB=0,71,185 CMYK=93,75,0,0

①将黑色横条横穿黄色色块中心处，既减少网页的单一性，又让整体有了融合性。

②每张图片旁都配有文字，为浏览起到很好的引导作用。

6.5.4 数码类网页设计小妙招——绘画的插入

关键词：真实

关键词：虚构

真实的物品不仅可以让浏览者感觉富有亲近感，更能呈现出网页的真实性

以绘画的手法装饰网页，可以增添网页的艺术性

6.5.5 优秀作品赏析

6.6 文娱类

文娱类网页设计是指文化、娱乐类网页设计，该类网页设计多以人物形象主导页面，可以根据人物的表情、造型进而为网页进行定位。该类型的网页色彩也多以沉稳为主要形式。

6.6.1 手把手教你——文娱类网页设计方法

形式1： 左图是用两张照片将网页平分成左右两个部分的，又以色彩来装饰网页的怀旧感。

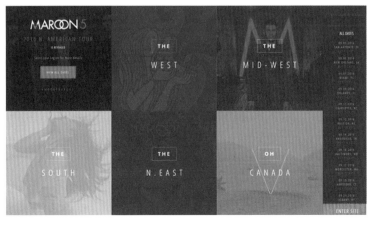

形式2： 将页面纵向留出灰色宽条构成栏目菜单，再将左侧均匀地分为六等份，使其都有各自的引导目标。合理地划分将整体展现得格外醒目。

文娱类网页设计方案

①该网页的设计显得格外高端、神秘，让人有种想要探索的感觉，也会由于这种神秘吸引更多浏览者

②该网页背景选用一张森林图片，再将其蒙上一层烟雾，使之变得虚化，也增加了神秘感；再将木屋摆设在页面左侧，有一种漂浮感，起到点睛之笔的作用

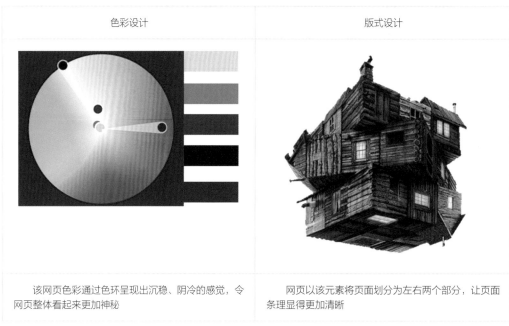

最终效果		RGB=211,213,208 CMYK=21,14,18,0
		RGB=115,118,109 CMYK=63,52,56,2
		RGB=52,50,38 CMYK=76,71,83,50
		RGB=1,1,0 CMYK=93,88,89,80
		RGB=96,16,15 CMYK=55,99,100,45

色彩设计	版式设计
该网页色彩通过色环呈现出沉稳、阴冷的感觉，令网页整体看起来更加神秘	网页以该元素将页面划分为左右两个部分，让页面条理显得更加清晰

文娱类网页设计

设计说明 该网页以纵向自由摆放，给予网页延伸感。

色彩说明 红色拥有较强的感染力，也能刺激人的视觉，因此页面的导航采用红色显示。

□RGB=255,255,255 CMYK=0,0,0,0
■RGB=214,212,213 CMYK=19,16,14,0
■RGB=209,38,20 CMYK=23,95,100,0
■RGB=32,32,32 CMYK=83,79,77,61

①纵向垂直视觉设计，使页面产生简洁易读的视觉效果。
②该网页页面清晰，层次分明，空间感较为强烈。

设计说明 该网页采用大小分配、相互呼应的方法设计。

色彩说明 该网页色彩采用沉重的圆形光晕圈住网页，令整体构成一个个体。

□RGB=250,250,250 CMYK=2,2,2,0
■RGB=66,70,36 CMYK=74,63,97,38
■RGB=168,58,14 CMYK=41,88,100,6
■RGB=17,24,50 CMYK=97,96,62,50

①该页面上的三张图片采用虚影，与背景拉开距离，为网页塑造出视觉的立体感。
②图文并茂的设计手法，会令网站访问者耳目一新。

6.6.4 文娱类网页设计小妙招——简洁的分割手法

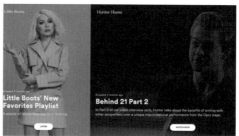

关键词：均衡

关键词：沉稳

　　该网页采用划分的手法将网页划分成三个部分，第一部分采用小图，第二部分采用大图近景，第三幅图采用大图远景，三者结合呈现出网页各个部分的精彩之处

　　该网页的设计分别以男女划分成两个部分，浏览者可以根据自己的喜好进行挑选浏览

6.6.5 优秀作品赏析

6.7 家居类

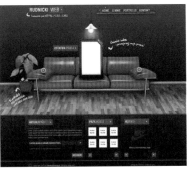

家居类网页设计较为精彩、美观，大多数设计师都会选用室内某处局部或某种元素作为页面的背景，令网页看起来更加大气时尚。而家具类网页的版式多数采用对称平衡、水平平衡和垂直平衡等方式，让浏览者体会到网页的美观和优雅。

6.7.1 手把手教你——家居类网页设计方法

形式1： 在网页设计当中应该重视视觉容量的限制。下列两幅图恰好是重视视觉中心的设计，前者采用暗淡的背景，浏览者自然而然会先观察明亮的室内背景；后者透视效果较为明确，会让浏览者由远至近地全面观察页面。

形式2： 该网页整体采用视觉局部图片为背景，这种统一的方式来排列组织，使得网页整体感强，更加富有生机。

6.7.2 家居类网页设计方案

① 浏览者浏览网页是为了更好地了解网页。如该作品，通过醒目的标题和整洁的编排来保持页面简洁清晰的视角

② 该作品的标题采用加大加粗的字符起到醒目的作用，紧接着下面的横幅图片是为了突出重点，再将其下面设计成文字编排，这样才做到主次分明

最终效果		RGB=255,255,255 CMYK=0,0,0,0
		RGB=180,180,180 CMYK=34,27,26,0
		RGB=219,220,222 CMYK=17,12,11,0
		RGB=207,195,195 CMYK=22,24,19,0
		RGB=117,157,111 CMYK=61,29,65,0

色彩设计	版式设计
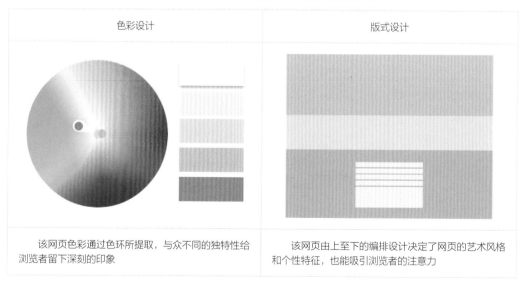	
该网页色彩通过色环所提取，与众不同的独特性给浏览者留下深刻的印象	该网页由上至下的编排设计决定了网页的艺术风格和个性特征，也能吸引浏览者的注意力

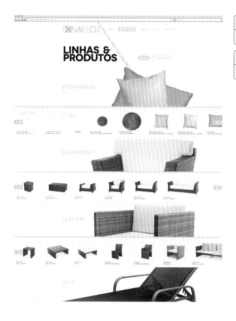

设计说明　该网页采用由上至下的垂直编排设计，使页面组成一个有机整体。

色彩说明　该网页每个部分都采用细细的黄条隔开，而这种淡雅的黄色与白色能够体现网页的柔顺感。

- ■RGB=29,33,42 CMYK=87,83,70,55
- ■RGB=222,218,215 CMCMYK=50,70,90,12
- ■RGB=153,145,142 CMYK=47,42,40,0
- ■RGB=249,218,72 CMYK=8,17,76,0

①该网页采用家具素材装饰页面，增添页面的丰富感。

②该网页运用图文并茂的设计手法，具有一种相互补充的视觉关系，既能活跃页面，又能丰富页面。

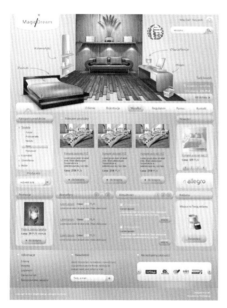

设计说明　网页上部分采用立体视觉，为网页创造空间层次感。

色彩说明　页面采用绿色与黄色装饰，色彩鲜明又能保护浏览者的眼睛。

- ■RGB=240,210,68 CMYK=12,19,79,0
- ■RGB=143,197,60 CMYK=52,6,90,0
- ■RGB=145,99,55 CMYK=49,65,87
- ■RGB=180,118,225 CMYK=45,59,0,0

①该网页设计根据人们的视觉心理将页面结构分割得单纯、简练，鲜明地突出设计主题。

②将网页各元素合理安排，使页面内容有机统一，具有整体美感。

6.7.4 家居类网页设计小妙招——清爽的视觉

关键词：饱满

该网页以多元素图片组合，有效地将页面信息传达给浏览者

关键词：整洁

该网页节奏感和流畅感极为强烈，创造出舒适、和谐的视觉心理空间

6.7.5 优秀作品赏析

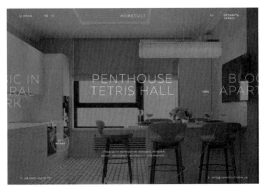

6.8 汽车类

汽车类网页设计的版式极为丰富，而色彩的处理也使页面更加生动，视觉效果更加强烈。在该类网页设计中，平面空间、层次空间、虚拟空间和导航空间均有应用，形成千变万化的视觉空间。

6.8.1 手把手教你——汽车类网页设计方法

形式1： 两幅图都是倾斜型网页设计。第一幅图采用俯视的视角展示网页，第二幅图采用侧视的视角展示网页，两个页面均鲜明地突出页面含义，让人回味无穷。

形式2： 运动中的事物都是有节奏、韵律感的。下图的网页是通过合理化、人性化的版面和空间规划呈现出来的。

①倾斜式分割网页给人整洁、文艺的艺术气息，具有强烈的动感

②该网页属于左右分割型设计。将网页分割成三个部分，每个部分都配有文字和图片，使得视觉流程更加自然和谐

最终效果		RGB=255，252,255 CMYK=0,2,0,0
		RGB=180,180,180 CMYK=34,27,26,0
		RGB=80,108,59 CMYK=74,51,92,11
		RGB=97159,180 CMYK=65,28,27,0
		RGB=130,68,47 CMYK=51,79,87,20

色彩设计	版式设计
	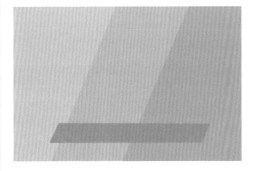
该网页以汽车来展示页面，将其分开从而更具独特性	分割版式并不是将网页分得没有条理，是以分割的手法使之变得更加新颖、舒适

6.8.3 汽车类网页设计

横向排版给浏览者一种宽敞舒适的感受。

粉色、红色、黑色相结合，带来一种独特的魅力。

■ RGB=224,224,237 CMYK=15,12,3,0
■ RGB=255,203,225 CMYK=0,31,0,0
■ RGB=254,74,130 CMYK=0,83,24,0
■ RGB=138,207,239 CMYK=48,7,6,0

①该网页以大量的文字表达网页。
②以文字来丰富网页的信息，能够让浏览者更了解网页。

纵向排版在汽车类网页设计当中较为明显，可以将网页拉伸得更舒适。

网页采用红色与黑色结合，黑色表示深沉，红色则是点亮网页的点睛之笔。

■ RGB=211,198,182 CMYK=21,23,28,0
■ RGB=242,195,17 CMYK=10,28,90,0
■ RGB=106,136,190 CMYK=65,44,11,0
■ RGB=180,118,225 CMYK=45,59,0,0

①该网页顶部采用汽车图片装饰，为网页起到很好的标识作用。
②该网页将汽车的某些部分展示在网页上，使得网页表现得更加明晰、详细。

6.8.4　汽车类网页设计小妙招——深色调体现高端定位

　　汽车类网页配色根据定位和受众会选择不同的色彩，对于一些高端、豪华品牌可以选择深色调，例如深灰色、深蓝色、深褐色等，这样的色彩中庸、大气，能容易地体现品牌的定位。

6.8.5　优秀作品赏析

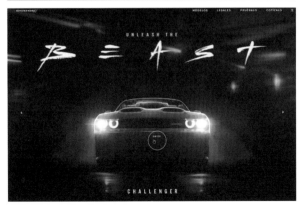

6.9　旅游类

旅游网站可以将吃、喝、住、行一体化展示，通过互联网展示让旅游产业有更多可能性。通过互联网来获得这些信息是一件很便利的事情，因此，旅游行业在网站设计上有很大的突破。设计师会将网页上搭配一些具有吸引力的精美照片，突出视觉吸引力，进而吸引更多的人群。

6.9.1　手把手教你——旅游类网页设计方法

形式1： 左图的网页设计将当地人物、地理和民族风情诠释在页面上，很好地满足了旅游者的精神需求。

形式2： 旅游网站不单单是提供旅游服务，还是对景点的宣传。如左图的网页设计，前者白色边框和后者湖景，都是页面的留白手法，能够将艺术与审美有机结合。

旅游类网页设计方案

①该网页的空间结构反映出网站内各种信息之间的关系，创造出富有变化的效果

②该网页分为上下两个层次，底部采用自由摆放的形式；上部将相似图片反复出现，可以加强对浏览者的视觉刺激，引发浏览者的兴趣

最终效果		RGB=255，252,255 CMYK=0,2,0,0
		RGB=180,180,180 CMYK=34,27,26,0
		RGB=80,108,59 CMYK=74,51,92,11
		RGB=97159,180 CMYK=65,28,27,0
		RGB=130,68,47 CMYK=51,79,87,20

色彩设计	版式设计
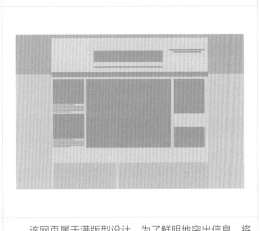	
该网页通过风景图片和破旧纸纹，将网页清晰地传递给浏览者，使得网页达到最佳的效果	该网页属于满版型设计，为了鲜明地突出信息，将网页分为上下两个部分，并结合在一起，建立整体的均衡状态

6.9.3　旅游类网页设计

设计
说明　该网页采用融合的手法将页面构成整体，让整体效果变得十分强烈。

色彩
说明　以蓝色作为该网页的整体色调，体现出壮阔与浩渺。

⬜ RGB=224,224,237 CMYK=15,12,3,0
⬜ RGB=255,203,225 CMYK=0,31,0,0
⬛ RGB=254,74,130 CMYK=0,83,24,0
⬜ RGB=138,207,239 CMYK=48,7,6,0

①底部黄色的边条与蓝色构成对比，加强页面效果。
②该网页的平衡性，能够给浏览者带来一种协调的感觉。

设计
说明　该网页以纵向编排设计，给人干净、整体的视觉效果。

色彩
说明　绿色与棕色实木搭配整个页面，营造出一种朴实的安全感。

⬜ RGB=211,198,182 CMYK=21,23,28,0
⬛ RGB=242,195,17 CMYK=10,28,90,0
⬛ RGB=106,136,190 CMYK=65,44,11,0
⬛ RGB=180,118,225 CMYK=45,59,0,0

①该网页顶部采用动画风景装饰，增加网页的活力。
②以图片为主的网页，视觉冲击力强。

6.9.4 旅游类网页设计小妙招——通过高清大图吸引访客

在网页设计过程中，通过高清大图能够表现景区的卖点，还能通过这些图片吸引访客的注意，增强代入感。尤其是在首页中，通常会将高清大图作为背景，这样让页面看起来更加舒展、大气，还可以增加画面的空间感，让访客仿佛身在其中。

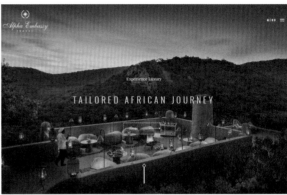

6.9.5 优秀作品赏析

6.10 创意类

创意类网页是创意与技术的结合，以夸张、幽默的表现形式，表现出强烈的视觉冲击，从而起到加强主体的作用。能够给浏览者带来新奇性和轻松、愉悦的心情，从而吸引浏览者，给浏览者带来深刻的印象。

6.10.1 手把手教你——创意类网页设计方法

形式1： 第一幅图以绿色装饰网页，背景采用浅绿色，再采用深色构建成卡通屋，整洁、饱满，又富立体感；第二幅图以深色背景衬托浅色装饰图，增强网页的空间感。

形式2： 第一幅图以夸张的手法展示网页，使得网页更加新颖而富有生气；第二幅图以可爱的卡通形象装饰网页，增强网页的魅力。

①该网页的创意手法打破常规的对称，创造出富有变化的视觉效果

②浅浅的蓝灰色作为网页背景，以漫画装饰顶部，再以黑色装饰，为网页增添沉稳感

最终效果		RGB=255，252,255 CMYK=0,2,0,0
		RGB=180,180,180 CMYK=34,27,26,0
		RGB=80,108,59 CMYK=74,51,92,11
		RGB=97159,180 CMYK=65,28,27,0
		RGB=130,68,47 CMYK=51,79,87,20

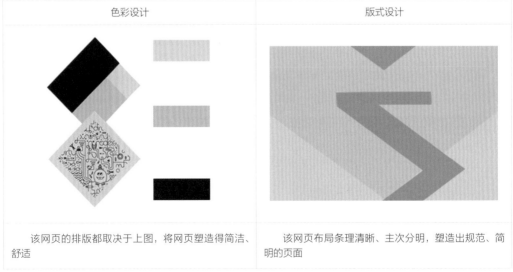

色彩设计	版式设计
该网页的排版都取决于上图，将网页塑造得简洁、舒适	该网页布局条理清晰、主次分明，塑造出规范、简明的页面

6.10.3　创意类网页设计

该作品布局简单，又创造出网页的精致。

色彩说明 红色色感温暖，又容易使人兴奋，极容易吸引人们的目光。

- RGB=224,224,237 CMYK=15,12,3,0
- RGB=255,203,225 CMYK=0,31,0,0
- RGB=254,74,130 CMYK=0,83,24,0
- RGB=138,207,239 CMYK=48,7,6,0

①使用动画图片作为网页整个页面，也是获得用户注意力的好方法。

②全屏排版更具视觉冲击力，是一种全新的视觉体验。

设计说明 该网页以黑白灰的形式装饰页面，干净、整洁的画面令网页更加清爽。

色彩说明 白色象征着纯洁，将其运用在网页中能够传递出干净和安全感。

- RGB=211,198,182 CMYK=21,23,28,0
- RGB=242,195,17 CMYK=10,28,90,0
- RGB=106,136,190 CMYK=65,44,11,0
- RGB=180,118,225 CMYK=45,59,0,0

①创意图形体现网页的特色与风格。

②横向的网页布局，清晰醒目，提高浏览者的认知度。

关键词：活力

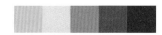

动画效果为网页增添趣味，能够给浏览者带来愉悦的心情

关键词：聪明

以动画装饰页面，能够将网页变得更加生动，富有活力

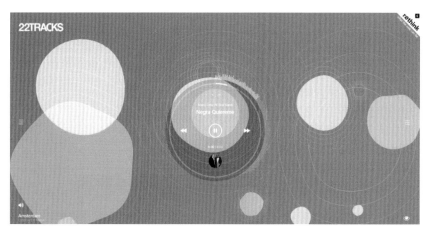

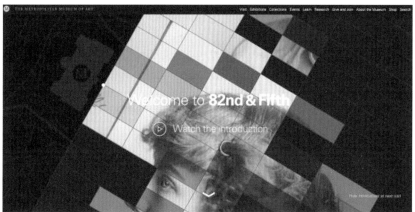

Web Graphic Design

7

网页色彩的情感

色彩这个词汇每个人都不会陌生，生活中的每一种事物都有着属于自己的色彩，每种色彩给人的感觉却不尽相同。不同的网页设计所使用的颜色也不同，有的颜色会产生温暖的视觉效果，有的则会产生凉爽的视觉效果，如何运用不同的颜色来表达不同的网页情感是本章的重点。

美味

美味的视觉效果可以通过食物来体现,自然界中的食物颜色十分丰富,经过加工之后更是显得美味,让人食欲大开。体现美味的网页设计一般都会带有食物的图片,仿佛让人们可以直观地感受到食物所散发出的味道,尽显美味。

手把手教你——美味网页设计方法

形式1: 美味色彩情感的网页中可以将食物的照片摆放在画面中,使其充当网页的banner,再加入导航与说明性的文字。

形式2: 将画面分为两个部分,上方放置banner,并将导航加入其中,在下方放置的则是具体的食物图片,使人一目了然的同时还可以更好地选择。

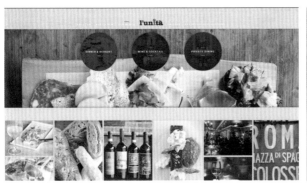

①美味的网页设计一般都用食物来表现，画面中左侧是新鲜水果，红色、黄色与紫色的搭配使画面的颜色产生了饱满的视觉效果，在浅灰色的背景下显得格外突出，搭配右侧浅绿色的食物，美味的感觉油然而生

②该网页设计以食品为主题，首先在画面的中上部绘制一个长方形，填充为浅灰色，在中心放置两款食物，左侧加入了水果，右侧加入了布丁，在上方加入说明性的文字，然后在其上方放置导航，在其下方绘制四个长方形，加入食物图片与文字

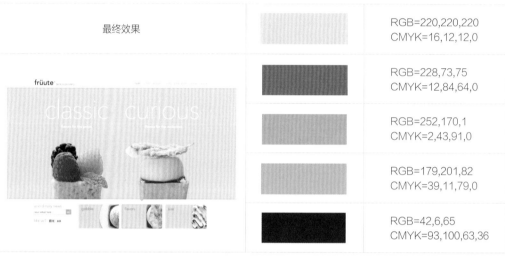

最终效果		RGB=220,220,220 CMYK=16,12,12,0
		RGB=228,73,75 CMYK=12,84,64,0
		RGB=252,170,1 CMYK=2,43,91,0
		RGB=179,201,82 CMYK=39,11,79,0
		RGB=42,6,65 CMYK=93,100,63,36

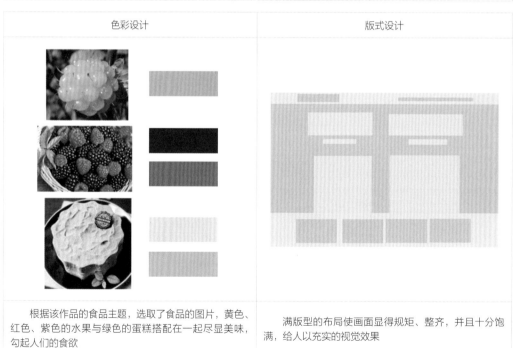

色彩设计	版式设计
根据该作品的食品主题，选取了食品的图片，黄色、红色、紫色的水果与绿色的蛋糕搭配在一起尽显美味，勾起人们的食欲	满版型的布局使画面显得规矩、整齐，并且十分饱满，给人以充实的视觉效果

7.1.3 美味网页设计

设计说明 这是一张食品类的网页设计，左侧放置了文字，右侧则放置了食物的图片，产生美味的视觉效果。

色彩说明 橙色的食物搭配上绿叶可谓是更加突出，使画面产生了强烈的对比，鲜嫩的颜色散发出美味的气息。

■ RGB=234,204,67 CMYK=15,22,79,0
■ RGB=233,129,37 CMYK=10,61,88,0
■ RGB=162,42,34 CMYK=42,95,100,9
■ RGB=122,161,50 CMYK=60,26,97,0

①画面的文字是手写体，既可爱又具有趣味性。
②焦点型的构图使画面中的食物更加突出。

设计说明 该作品是一个食品网页设计，运用了分割型的构图，将图片与文字分隔开来，使画面显得清晰、规整。

色彩说明 该网页的背景是浅粉色的，搭配同色系较深的粉色，使画面产生出了浓浓的甜美气息，勾人食欲。

■ RGB= 227,206,190 CMYK=14,22,24,0
■ RGB=229,99,102 CMYK=12,74,50,0
■ RGB=223,51,86 CMYK=15,91,54,0
■ RGB= 105,41,24 CMYK=54,88,100,38

①文字排列规整，条理十分清晰，便于人们观看。
②画面中多次出现了大小不一的蛋糕图案，营造出了美味的氛围。

7.1.4　美味网页设计小妙招——暗色背景的使用

关键词：底纹

关键词：反射

　　这是一个麦当劳的网页设计，暗色带有底纹的背景将中心的产品衬托得更加鲜艳、饱满，同时也为画面增加了空间感

　　该设计以黑色为背景，中心是一块蛋糕，在下方产生了镜面反射，使得画面更加充实。黑色的背景将浅色的蛋糕从画面中凸显了出来

7.1.5　优秀作品赏析

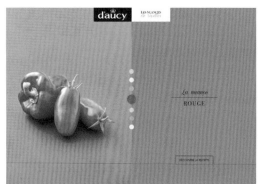

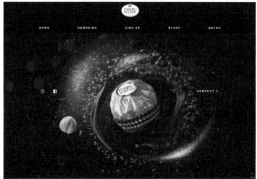

7.2 清新

　　清新的视觉效果一般使用蓝色和绿色表现，明度较高的蓝色与绿色会使人联想到蓝天与绿草，产生大自然清新的感觉。

7.2.1 手把手教你——清新网页设计方法

形式1： 使用蓝色作为背景，将天空的广阔与自然呈现在画面中，使人感到心旷神怡、心情舒畅，多用于服饰类的网页设计。

形式2： 运用充满生机的绿色来构成画面，绿色的叶子搭配棕色的树枝，将自然界中森林的清新展现了出来，使画面产生清新的视觉效果。

清新网页设计方案

①这是一个自由型版式的网页设计，画面的左侧与右侧放置了食物的原材料与实物图，绿色与粉色搭配使画面产生出清新、甜美的视觉效果，点缀上樱桃般的红色，使画面显得更加可爱、诱人

②根据设计的主题，首先在画面的上方放置导航，左上角放置品牌标识，在其下方放置三张食物图片，底部的图片加上透明度，在画面的右侧也放置一张图片，"切"去一部分，最后在中间的位置画一个绿色的圆形，并在其上加入文字

最终效果		RGB=182,219,140 CMYK=36,2,56,0
		RGB=244,198,208 CMYK=5,31,10,0
		RGB=180,36,25 CMYK=37,97,100,3
		RGB=165,173,26 CMYK=45,26,98,0
		RGB=233,10,101 CMYK=9,96,38,0

色彩设计	版式设计

本作品的颜色取自于新鲜的水果与冰淇淋，粉色与绿色搭配突出了画面的清新效果，点缀红色使画面有了亮点

自由型的网页设计，简洁却不失视觉的雅致，随意的排列使画面显得既活泼又充满动感

7.2.3 清新网页设计

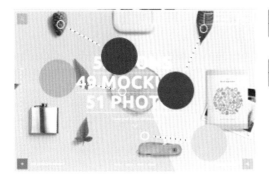

该作品是一个清新视觉效果的网页设计，利用背景将画面分成两部分，摆放了许多小的物件，平衡了画面。

该网页的背景为白色与蓝色，搭配绿色的叶子将画面中清新的氛围体现了出来。

■ RGB=189,221,224 CMYK=31,6,14,0
■ RGB=67,85,31 CMYK=76,57,100,27
■ RGB=206,181,148 CMYK=24,31,43,0
■ RGB=98,69,57 CMYK=62,72,76,29

①该网页中的文字都位于画面的中心，方便人们阅读。
②大面积的留白使画面产生极强的透气感。

这是一个家居类的网页设计，文字与图形都摆放在了画面的中心，使得画面很有层次感。

嫩绿色的渐变作为背景墙，搭配带有绿色气息的地板，使画面的背景显得清新、自然。

■ RGB= 244,160,110 CMYK=5,48,56,0
■ RGB=201,210,0 CMYK=31,10,94,0
■ RGB=136,101,6 CMYK=53,61,100,11
■ RGB=70,91,0 CMYK=76,55,100,23

①利用文字的大小与粗细使画面产生出了空间感。
②该网页中配有大量的文字，起到有效的说明作用。

7.2.4 清新网页设计小妙招——带有灰度的颜色

关键词：动感

关键词：时尚

以人物为主体的满版型构图，带有灰度的蓝色背景搭配同样灰度的人物与花朵，使画面顿时散发出清新的气息

画面整体由深浅不一的带有灰度的绿色叶子构成，使画面有强烈的层次感，并且产生出了清新自然的视觉效果

7.2.5 优秀作品赏析

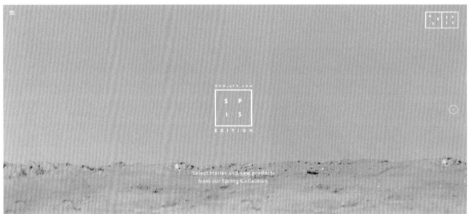

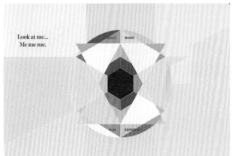

7.3 温暖

说到温暖，我们会马上想到阳光、火焰等可以散发热量的事物。在颜色上通常用黄色、橙色、红色来表现温暖的情感。

7.3.1 手把手教你——温暖网页设计方法

形式1： 通常使用黄色搭配橙色来表现温暖的感觉，也就是我们所看到的太阳的颜色，在食物网页的设计中使用比较广泛。

形式2： 运用鲜艳而又温和的黄色作为设计的背景，大面积的黄色呈现在人们眼前，给人带来温暖的视觉效果。

7.3.2　温暖网页设计方案

①该作品是一个网页设计，大面积地使用黄色，使画面产生了温暖、阳光的视觉效果，搭配底色为深灰色的导航，使画面显得更加稳重。内容整齐、规则地排列在画面的中心，增强了画面的层次感

②根据设计的主题，首先将画面的背景填充为黄色，然后在画面的顶端绘制一个深灰色的长方形并加以文字作为导航，再将标题文字与图片摆放在画面的中心，最后在余下的地方加入具体的文字内容

最终效果		RGB=251,215,39 CMYK=7,18,84,0
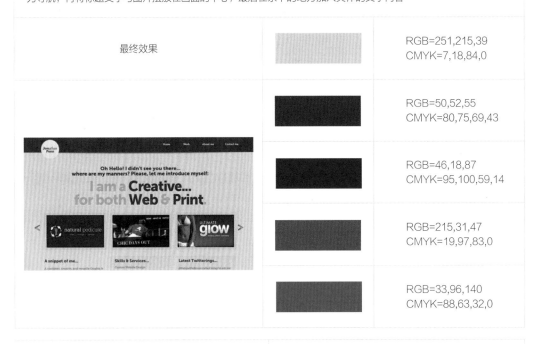		RGB=50,52,55 CMYK=80,75,69,43
		RGB=46,18,87 CMYK=95,100,59,14
		RGB=215,31,47 CMYK=19,97,83,0
		RGB=33,96,140 CMYK=88,63,32,0

色彩设计	版式设计
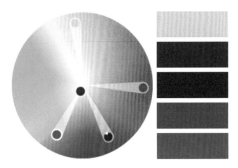	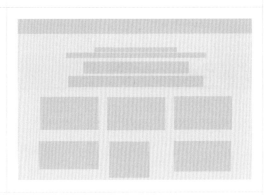
通过色环我们可以观察出该设计色彩运用了相似度与对比度，黄色使画面显得和谐而温暖，同时与深灰色形成了对比	该设计运用了满版型的构图，增强了画面的稳定性，使画面显得饱满而充实

设计
说明　这是一个关于大米的网页设计，运用焦点型构图突出了米饭的适宜人群，从而达到宣传的目的。

色彩
说明　该网页的背景使用了黄色，黄色象征着温暖与阳光，搭配深一些的棕色使文字内容更加突出。

■ RGB=245,177,135 CMYK=5,40,46,0
▥ RGB=253,219,34 CMYK=7,16,85,0
■ RGB=190,140,58 CMYK=33,50,85,0
■ RGB=82,36,6 CMYK=60,85,100,50

①手绘的米饭与孩子使画面具有趣味性。
②文字的加入平衡了整个画面。

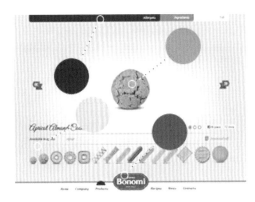

设计
说明　该作品是一个食品类的网页设计，以饼干为主体，突出了产品。画面简洁大方，看起来十分舒服。

色彩
说明　肉粉色与黄色的搭配使画面看起来既温馨又温暖，点缀上红色，使画面增加了几分热情。

■ RGB=235,15,33 CMYK=7,97,90,0
▥ RGB=255,221,188 CMYK=0,19,28,0
■ RGB=246,151,70 CMYK=4,52,74,0
■ RGB=84,37,5 CMYK=59,85,100,49

①该设计中运用了许多可爱的饼干造型，使画面显得甜美、可爱。
②棕色的文字在肉粉色背景的衬托下显得格外突出。

温暖网页设计小妙招——暖系灯光

关键词：红色

关键词：黄色

该作品运用了图片与文字相结合的方式呈现，红色的灯光是火焰的颜色，给人以温暖、热情的视觉感受

该作品运用了温馨、柔和的黄色灯光来表现温暖的视觉效果，上下搭配文字，平衡且丰富了画面

优秀作品赏析

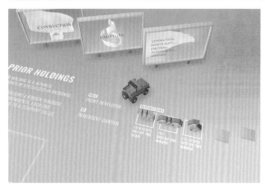

7.4 凉爽

生活中给人以凉爽感觉的无非就是水、冰、雪和风，而风是人们看不到的，故而体现凉爽视觉效果的代表颜色就是蓝色与白色。

7.4.1 手把手教你——凉爽网页设计方法

形式1：运用带有雪与水的图片作为网页设计的背景，使人们看到图片就可以感觉到凉爽的氛围。

形式2：运用含有冷色的灰色构成画面，使画面给人凉爽的视觉效果，搭配白色的文字，可以使画面呈现简约的效果。

凉爽网页设计方案

①该作品是一个充满凉爽气息的网页设计，画面的中心是一个橙色的游泳圈，蓝色的背景象征着海水，同时橙色与蓝色形成了对比，增强画面的视觉冲击力，白色文字与浅灰色的条纹打破了画面的沉寂，为画面增加了几分透气感

②根据设计的主题，首先将画面的背景填充成蓝色，然后在画面的中心放置一个橙色的游泳圈，在画面的左上角加上标志与名称，右上角设置成导航，最后在画面中心的游泳圈上加入标题与内容，以完整画面

最终效果		RGB=3,123,248 CMYK=81,51,0,0

	RGB=252,160,96 CMYK=1,49,62,0
	RGB=242,85,17 CMYK=3,80,94,0
	RGB=185,188,185 CMYK=32,23,25,0

色彩设计	版式设计

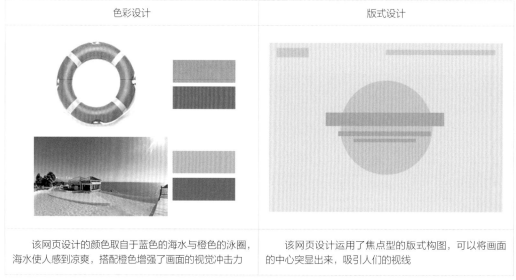

该网页设计的颜色取自于蓝色的海水与橙色的泳圈，海水使人感到凉爽，搭配橙色增强了画面的视觉冲击力	该网页设计运用了焦点型的版式构图，可以将画面的中心突显出来，吸引人们的视线

7.4.3 凉爽网页设计

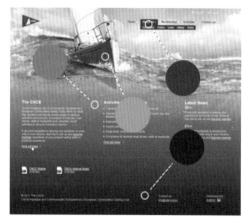

设计说明 该作品是一个充满凉爽气息的网页设计，设计的背景是一艘船行驶在波涛汹涌的海面上，看到这样的画面仿佛可以感受到凉爽的海风。

色彩说明 该网页使用同一色系的蓝色来表现，使画面在给人凉爽感觉的同时产生出了层次感。

- ■ RGB= 80,134,141 CMYK=73,40,44,0
- ■ RGB=154,155,144 CMYK=46,36,42,0
- ■ RGB=17,70,89 CMYK=93,72,56,20
- ■ RGB=12,41,51 CMYK=94,80,68,49

①海面上的浪花使画面产生出了极强的动感。
②文字排列得十分规整，稳定且平衡了画面。

设计说明 该作品是关于海上运动的网页设计，设计的背景是海面上的风光，水天相接营造出了凉爽的氛围。

色彩说明 该网页由大面积的蓝色构成，蓝色的天空与海水为画面营造出了空间感，红色与黄色的点缀使画面更加丰富多彩。

- ■ RGB=227,214,63 CMYK=19,14,81,0
- ■ RGB=230,82,73 CMYK=11,81,67,0
- ■ RGB=112,218,245 CMYK=53,0,10,0
- ■ RGB=39,93,113 CMYK=87,62,49,6
- ■ RGB=6,67,118 CMYK=98,82,38,2

①人物的造型使画面充满了动感与活力。
②满版型的构图使画面显得很饱满，内容很丰富。

7.4.4 凉爽网页设计小妙招——巧用蓝色背景

关键词：简约

关键词：纯文字

蓝色的背景搭配白色的云朵，营造出了天空的感觉，给人凉爽、广阔的视觉效果

画面由文字构成，不同大小、粗细的文字搭配平衡了画面，蓝色的背景使画面产生凉爽的感觉

7.4.5 优秀作品赏析

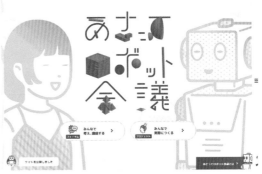

7.5 饱满

　　饱满的含义是充实，形容设计饱满指的则是构成画面的色彩饱和度很高，简单地说，就是用红色、橙色、黄色、绿色、青色、蓝色、紫色几种颜色构成画面时，画面会给人以饱满的感觉。

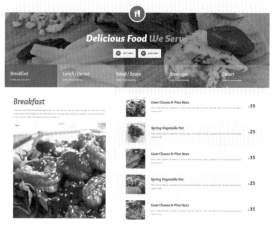

7.5.1　手把手教你——饱满网页设计方法

形式1：运用饱和度比较高的色彩来构成画面，使画面产生出强烈的视觉冲击力，从而给人带来饱满的视觉效果。

形式2：画面中内容的排列使画面具有很强的视觉空间感，加上丰富的内容与饱满的颜色，使画面产生饱满的视觉效果。

7.5.2 饱满网页设计方案

①这是一个给人以饱满视觉效果的网页设计，运用色彩饱和度很高的黄色作为背景，给人以轻快、活泼的感觉，橙色点缀的色块，使画面多了一丝阳光与活力，白色的文字与图案增加了画面的透气感

②根据设计的主题，首先将画面的背景填充为黄色，在画面的底部留一条白边，然后将图案与文字放置在画面的中心，山上重叠指南针，水上重叠船锚，云上重叠闪电，最后在最下方的文字底部加上橙色的长方形色块

最终效果

RGB=255,197,9
CMYK=3,29,89,0

RGB=255,104,33
CMYK=0,73,85,0

RGB=255,255,255
CMYK=0,0,0,0

RGB=250,221,121
CMYK=6,16,59,0

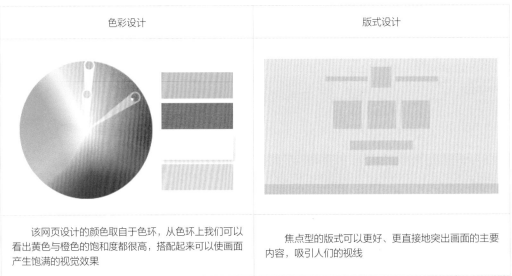

色彩设计

版式设计

该网页设计的颜色取自于色环，从色环上我们可以看出黄色与橙色的饱和度都很高，搭配起来可以使画面产生饱满的视觉效果

焦点型的版式可以更好、更直接地突出画面的主要内容，吸引人们的视线

 该作品是一个关于舞蹈的网页设计，人物动感的造型与飘扬的彩带使画面产生了很强的动感。

色彩说明 该网页以绿色为主色，搭配红色、黄色、蓝色等颜色使画面显得既饱满又丰富，并且产生强烈的对比。

■ RGB=254,188,6 CMYK=3,34,90,0
■ RGB=215,52,94 CMYK=19,91,48,0
■ RGB=202,216,9 CMYK=31,6,93,0
■ RGB=25,189,194 CMYK=71,4,32,0
■ RGB= 70,70,70 CMYK=75,69,66,29

①该网页中四种不同颜色的色条使得文字更加突出。
②自由型的布局使画面充满活力与动感。

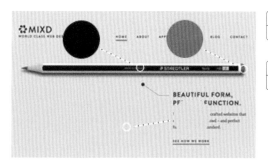

 该作品是一个具有饱满视觉效果的网页设计，主体是一支铅笔，文字位于其上下方，起到平衡画面的效果。

色彩说明 该网页的背景是饱和度较高的黄色，将黑色的铅笔和文字从画面中凸显了出来，使画面产生视觉冲击力。

■ RGB=255,223,1 CMYK=6,14,88,0
■ RGB=228,65,63 CMYK=12,87,72,0
■ RGB=0,0,2 CMYK=93,89,87,79

①大面积的留白使画面产生了视觉空间感。
②该网页的文字排列十分整齐，给人以规整、简洁的视觉效果。

7.5.4 饱满网页设计小妙招——运用饱和度较高的色彩

关键词：暖色

关键词：冷色

红色是暖色，给人以热情、饱满的视觉效果，搭配白色的文字，使画面呈现出了简约的风格

蓝色与紫色都是冷色，给人以凉爽、饱满的视觉效果，纯文字的设计使画面形成简洁、大方的感觉

7.5.5 优秀作品赏析

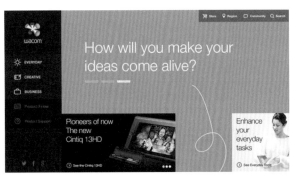

7.6 时尚

时尚指的就是人们对当下所流行的一些高品位事物的崇尚。高品位的事物包括一些服饰、妆容等。这类网页多用人物或者是高科技来构造时尚的设计，色彩上多用一些高级灰来表现画面，使画面显得更加高档、精致。

7.6.1 手把手教你——时尚网页设计方法

形式1： 可以通过妆容以及饰品来突出时尚，靓丽炫酷的妆容与时尚简约的饰品都可以使画面呈现出时尚的视觉效果。

形式2： 将画面设置为彩色或者是灰色来突出时尚的感觉，以人物为主体，通过人物的表情、动作来增加时尚的韵味，渐变的彩色与冰冷的高级灰都可以为画面打造出时尚的视觉效果。

时尚网页设计方案

①该作品是一个关于时尚的网页设计，画面整体呈现简约、时尚的风格，苹果的电子产品分布在画面的四周，高科技的产品提高了画面的品位，凸显了时尚

②根据设计的主题，首先将画面的背景填充成蓝色，在画面的上方放置电脑，左侧放置咖啡，下方放置耳机与键盘，右侧放置手机与鼠标，摆放的同时要注意平衡画面，最后在画面的上方及中心加入文字

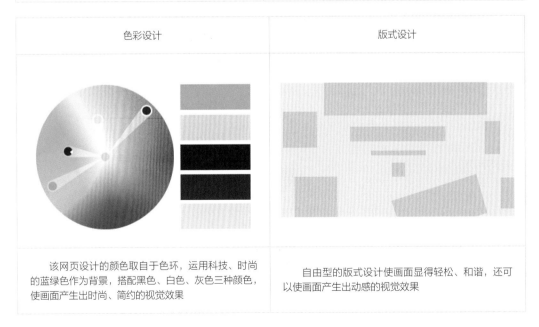

最终效果		RGB=27,188,157 CMYK=72,1,51,0
		RGB=212,212,212 CMYK=20,15,14,0
		RGB=20,43,23 CMYK=87,80,81,68
		RGB=71,37,9 CMYK=64,81,100,54
		RGB=250,232,120 CMYK=8,9,61,0

色彩设计	版式设计
该网页设计的颜色取自于色环，运用科技、时尚的蓝绿色作为背景，搭配黑色、白色、灰色三种颜色，使画面产生出时尚、简约的视觉效果	自由型的版式设计使画面显得轻松、和谐，还可以使画面产生出动感的视觉效果

7.6.3　时尚网页设计

设计说明　该作品是一个时尚类的网页设计，画面中女子的表情与造型使画面充满了时尚的味道。

色彩说明　该网页整体使用了同一色系、同一明度的颜色来构成画面，使画面看起来既和谐又时尚。

- RGB=169,168,150 CMYK=40,31,41,0
- RGB=161,134,111 CMYK=44,50,56,0
- RGB=134,103,83 CMYK=55,62,68,7
- RGB=71,46,67 CMYK=76,86,59,33

①高级灰的色调使画面看起来既高档又时尚。
②细细的白色文字使画面显得更加有品位。

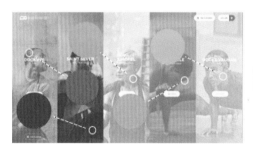

设计说明　该作品是关于运动的网页设计，利用五种颜色将画面分成了五个部分，搭配人物不同的造型，使画面给人时尚的感觉。

色彩说明　该网页由红色、绿色、蓝色、灰色几种颜色构成，几种颜色搭配在一起使画面显得丰富而时尚。

- RGB= 232,57,38 CMYK=9,90,87,0
- RGB=21,9,189 CMYK=98,89,0,0
- RGB=61,181,180 CMYK=69,10,36,0
- RGB=160,161,166 CMYK=43,35,30,0
- RGB= 111,195,62 CMYK=60,1,91,0

①五种颜色明暗交叉搭配，增强了画面的视觉效果。
②人物的造型使画面具有极强的动感。

7.6.4 时尚网页设计小妙招——用黄色点缀暗系背景

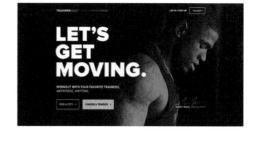

关键词：灰色

关键词：黑色

黑灰色的网页显得沉着冷静，白色的文字居中放置在画面中，显得十分醒目。点缀上黄色的色块，增强了画面对比的同时也使得画面变得时尚起来

黑色的背景给人以压抑的感觉，利用白色的文字打破了画面的沉寂，点缀上黄色的文字与色块，增强了画面的对比，凸显出了画面的时尚

7.6.5 优秀作品赏析

7.7 神秘

人们通常用神秘来形容女人，高深莫测、难以捉摸。在网页设计中通常用紫色、黑色等暗色系的颜色来表现画面，为画面营造出神秘的视觉效果。

7.7.1 手把手教你——神秘网页设计方法

形式1： 以人物为画面的主体，半露的脸、模糊的背影都可以为画面营造出神秘的气息，一般使用紫色来表现画面。

形式2： 紫黑色的背景使画面显得阴暗、诡异，搭配稍浅的紫色渐变使画面产生神秘的视觉效果，吸引人们的视线。

神秘网页设计方案

①该作品以烟雾为主体，多种颜色的烟雾交织在一起使画面变得膨胀，并且具有很强的空间感。颜色重叠在一起，继而又产生了许多过渡色，丰富了画面。彩色虚幻的烟雾使得画面充满神秘感

②根据设计的主题，首先查找烟雾的素材，然后经过融合，调整颜色的色相、饱和度等，使画面达到想要的效果，背景设置为紫色，在烟雾的上方放置白色的文字，以完整画面

最终效果		RGB=240,40,122 CMYK=6,91,24,0
		RGB=253,213,117 CMYK=4,21,60,0
		RGB=124,175,184 CMYK=56,22,28,0
		RGB=58,18,115 CMYK=93,100,45,1
		RGB=239,110,86 CMYK=6,70,61,0

色彩设计	版式设计

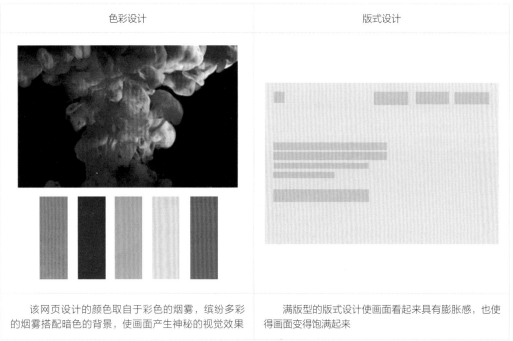

该网页设计的颜色取自于彩色的烟雾，缤纷多彩的烟雾搭配暗色的背景，使画面产生神秘的视觉效果

满版型的版式设计使画面看起来具有膨胀感，也使得画面变得饱满起来

7.7.3 神秘网页设计

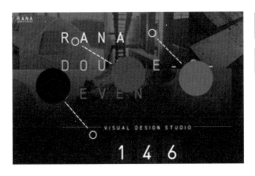

 该作品是一个充满神秘感的网页设计，在照片上加了一层渐变色，使画面产生了几分神秘感。

色彩说明 该网页的背景为由灰色到黑色的渐变色，文字是由白色到灰色的渐变色，使底部的照片看起来十分朦胧，产生神秘感。

■ RGB=84,87,86 CMYK=73,63,62,16
■ RGB=76,62,51 CMYK=69,71,77,38
■ RGB=0,0,0 CMYK=93,88,89,80

①该网页中黑色的背景与白色的文字形成了对比。
②由灰色到黑色的渐变色，使画面产生出了神秘感。

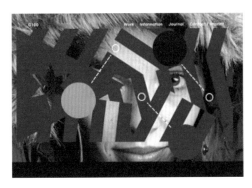

 该作品是一个神秘、时尚的网页设计，以女人的头像为背景，在前方加入几何图形，使画面被遮掩了一部分，从而产生出了神秘感。

色彩说明 该网页由紫色与灰色搭配而成，使画面产生神秘、冷酷的视觉效果。

■ RGB= 48,39,132 CMYK=95,99,16,0
■ RGB=148,146,151 CMYK=49,41,35,0
■ RGB=19,19,19 CMYK=86,82,82,70

①实物图片的摆放，使页面生动、自然。
②该网页中的图形搭配产生了独特的韵律。

7.7.4 神秘网页设计小妙招——合理运用黑色背景

关键词：人物

黑色的背景使网页充满了神秘与冷酷的视觉感受，搭配一部分人物，使画面充满了神秘的氛围

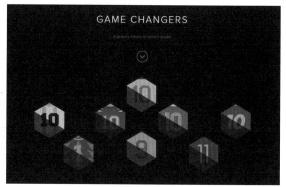

关键词：图形

黑色的背景搭配彩色的图形，使画面在具有神秘感的同时，也蕴含了许多趣味性

7.7.5 优秀作品赏析

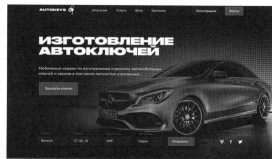

7.8　喧闹

　　喧闹的画面通常是指画面中含有的色彩比较多，给人以眼花缭乱的视觉效果，一般体现在时尚、动感、童趣的画面中，喧闹的画面中通常蕴含着比较丰富的色彩与元素。

7.8.1　手把手教你——喧闹网页设计方法

形式1：构成画面的元素是不同颜色的，多种颜色的事物搭配在一起，使画面产生出了喧闹、热闹的视觉效果。

形式2：将画面分割成几部分，每一部分的颜色都不一样，色彩的明度一般都比较高，几种不同颜色的背景搭配在一起，使画面形成喧闹的氛围。

喧闹网页设计方案

①该作品是由五个三角形和两个多边形色块拼接而成的，色块的颜色各不相同，并且饱和度都很高，搭配在一起使画面产生喧闹的视觉效果。白色的文字搭配在彩色的画面中，使画面形成干净、简约的感觉

②根据设计的主题，首先以画面的中点为中心，绘制七个不同形状的色块，填充的颜色有蓝色、黄色、粉色、橙色、紫色等，然后在画面上方与中心加入白色的标题文字，最后在左下方加入深颜色的小字，以平衡画面

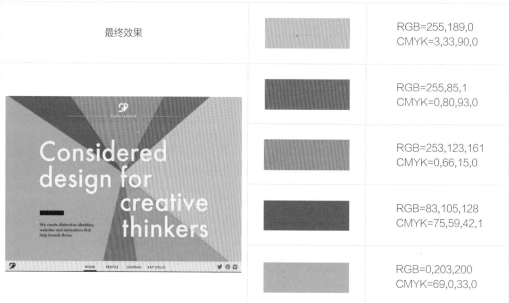

最终效果		RGB=255,189,0 CMYK=3,33,90,0
		RGB=255,85,1 CMYK=0,80,93,0
		RGB=253,123,161 CMYK=0,66,15,0
		RGB=83,105,128 CMYK=75,59,42,1
		RGB=0,203,200 CMYK=69,0,33,0

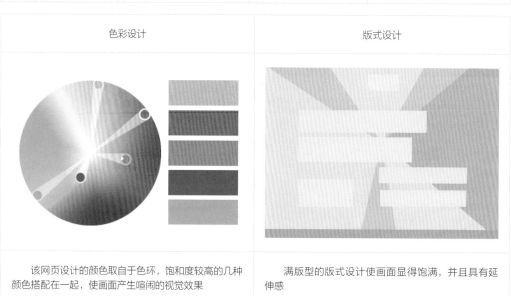

色彩设计	版式设计
该网页设计的颜色取自于色环，饱和度较高的几种颜色搭配在一起，使画面产生喧闹的视觉效果	满版型的版式设计使画面显得饱满，并且具有延伸感

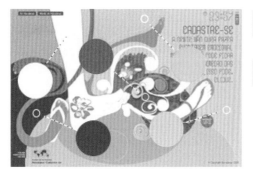

 该作品是一个具有喧闹气息的网页设计，自由型的布局使画面产生出了很强的动感，并且具有几分抽象的韵味。

 该网页使用饱和度较高的黄色为底色，搭配蓝色、红色、绿色，使画面产生喧闹的视觉效果。

- RGB= 250,205,26 CMYK=7,24,87,0
- RGB=252,254,140 CMYK=8,0,54,0
- RGB=138,203,218 CMYK=49,8,17,0
- RGB=244,48,29 CMYK=2,91,90,0
- RGB=161,44,62 CMYK=43,95,74,7

①黄色与蓝色是对比色，搭配起来使画面形成强烈的视觉冲击力。

②橙色的手写文字做点缀，使页面显得格外雅致。

设计说明 该作品由许多不同颜色的几何形状构成，使画面产生喧闹的视觉效果，同时也形成强烈的层次感。

 该网页的背景为黑色，可以将彩色的几何形状衬托得更加鲜艳、突出，使画面变得喧闹起来。

- RGB=216,115,95 CMYK=19,66,59,0
- RGB=220,198,46 CMYK=22,22,86,0
- RGB=63,193,118 CMYK=68,0,69,0
- RGB=65,152,200 CMYK=72,31,14,0
- RGB=164,93,187 CMYK=48,71,0,0

①自由型的版式设计使画面具有很强的动感。

②文字位于左上角和右下角，起到平衡画面的作用。

7.8.4 喧闹网页设计小妙招——多种颜色的搭配

关键词：同色系

关键词：多色系

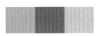

白色的背景将画面中彩色的事物衬托出来，多种颜色罗列在一起，使画面产生喧闹的视觉效果

蓝色的背景搭配红色、绿色、紫色、黄色的物体，将喧闹的氛围展现得淋漓尽致，白色打破了画面的沉寂，增加了画面的透气感

7.8.5 优秀作品赏析

7.9 科技

具有科技感的网页设计方案，饱和度或低或高的色彩搭配方案都能够呈现不同的色彩情感。饱和度高的配色方案给人高端优雅的感觉，饱和度低的色彩搭配方案给人均衡、神秘的视觉感受。同时，科技感网页的排版分布较为松散，留有较大的空白空间，为整体版面设计增添舒适的视觉搭配感受，符合科技物品的风格搭配性质。

7.9.1 科技感网页设计的搭配特征

合理妥善地搭配出富有科技感的网页设计，需要掌握以下几点。

特征1：科技感风格网页的排版设计，常给人以宽松、简约的视觉感受，导航栏的安置设计也很有创意，呈现出富有现代感的装饰搭配风格。

特征2：科技感网页的色彩搭配自成一派，给人以鲜明、独特的视觉冲击感受，简洁、冰冷的色调是科技网页设计的基础配色，清冷单一的色调搭配更能够呈现出网页主体所表达的内容。

7.9.2　科技感网页设计方案，举一反三

掌握综上所述特征，融入实践设计当中。

①从配色方案角度来讲，富有科技感的网页配色方案，给人强烈的视觉冲击效果，具有现代的色彩搭配方案，给人以富有层次的立体视觉搭配效果

②本套网页设计方案别具创意思维，图案的安置、摆放给人以放射感的视觉效果，不规则图案组合排列而成的版面空间设计，在视觉角度上呈现一定的干扰效果，使整体网页版面富有跳跃律动感，符合科技风格的特色性质

③整体版面设计与色彩搭配方案，呈现出和谐统一的默契感，将整体设计更为全面且具体地呈现出来

最终效果		RGB=246,99,31 CMYK=2,75,88,0
		RGB=0,0,0 CMYK=93,88,89,80
		RGB=121,175,162 CMYK=57,20,40,0
		RGB=196,146,88 CMYK=29,48,70,0
		RGB=250,250,250 CMYK=2,2,2,0

明度对比

低明度

高明度

低明度色彩，应用于科技类网页设计方案中，呈现出更为沉稳、专业的一面。但明度过低的配色方案，则会使人感觉压迫、沉闷

科技类网页设计搭配高明度色彩时，能够给人更为抽象、活跃的感受。但明度过高则会给人浮夸的印象

7.9.3 神秘悠扬的科技感色彩搭配

设计说明 简洁、轻松的版面设计，是科技类网页的灵魂，更为贴合科技产品的风格主旨。

色彩说明 整体版面配色呈现星空般的静谧深邃感，更为突出地表达网页的主题。

RGB=0,0,35 CMYK=100,100,70,62
RGB=21,40,31 CMYK=88,72,84,59
RGB=20,33,42 CMYK=91,82,71,53

① 低明度色调的搭配应用能够更为凸显所表达的内容。
② 具有渐变感的版面设计方案，能够呈现律动、轻松的氛围。
③ 整体设计具有和谐、沉稳的色彩搭配情感。

7.9.4 设计巧妙的科技感色彩搭配

具有雾感的图片处理，与方块形状的搭配设计，呈现出现代工业化的版面设计风格。

服装整体采用明度较低的色彩搭配方案，更为符合科技类网页设计主体风格。

RGB=55,66,72 CMYK=82,71,64,30
RGB=16,41,61 CMYK=96,85,62,41
RGB=12,16,23 CMYK=91,87,77,69

①整体版面采用不规则的排序方法，呈现出不规则的错位美感。
②白色文字搭配暗色背景，能够更为突出网页表达的内容。
③整体网页版面设计给人以简约、高端的视觉印象。

7.9.5 科技感网页设计小妙招

关键词：活跃、简洁、随性

简洁的版面布局，更为符合直观的表达方式，越为简洁的背景设计越能够诠释信息的具体化

关键词：稳重、专业、中性

整体版面的设计，选用科技的蓝灰色进行搭配，起到衬托整体网页设计和点明主旨的作用

关键词：活泼、具体、现代

富有朝气的蓝色与黄色进行组合搭配，能够呈现轻松、和谐的感觉，与网页风格相符

7.9.6　优秀作品赏析

7.10　专业

　　在遵循扁平化设计的现代社会，专业类网站同样遵循着这个趋势。在色彩搭配方面，舍弃了纷繁复杂的色彩组合，采用简洁明了的色彩，能够更有张力地呈现网页想要表达的主旨细节。专业类网页版面设计的内容较多，这样的设计有区别于其他种类风格的网站，能够更为具体、妥善地表达网页设计风格。

7.10.1　专业感网页设计的搭配特征

　　呈现成功的专业感的网页设计，需要掌握以下几点。

　　特征1：专业感网页设计的色彩搭配，应给人以稳定、信赖的视觉印象。多使用积极、诚恳的颜色搭配，能够给人以直观的视觉冲击，表现良好的色彩搭配情感。

特征2： 专业类网站的导航栏设计，应安放在显而易见的位置，但不可过于突兀，与网页版面设计进行完美的融合，使得网页整体设计搭配达到完整、一致的视觉效果。

7.10.2　专业感网页设计方案，举一反三

掌握综上所述特征，融入实践设计当中。

①突出专业感的网站设计，应遵循严谨、大方的风格搭配，不应选用过多的色彩搭配应用于专业风格网站设计当中，应以凸显网页想要表达的主旨为中心思想

②这套网页设计搭配方案，选用巨大明度差比例，塑造直观搭配效果。不同于其他风格种类的网页搭配设计，专业风格的网页设计能够放置较多的文字信息，与网页版式设计相互映衬，更为补充整体网页设计的细节内容

③该作品的整体网页设计，排版装饰与色彩搭配相辅相成，符合专业风格网页设计的特色，简洁明了的排版与洁净爽朗的文字排版形成和谐、舒适的视觉感受

最终效果

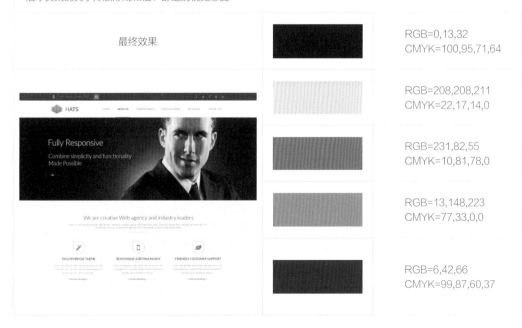

RGB=0,13,32
CMYK=100,95,71,64

RGB=208,208,211
CMYK=22,17,14,0

RGB=231,82,55
CMYK=10,81,78,0

RGB=13,148,223
CMYK=77,33,0,0

RGB=6,42,66
CMYK=99,87,60,37

明度对比

低明度	高明度

低明度色彩，应用于专业类网页设计中，给人沉着、冷静的感受。但明度过低的配色方案，会使人感觉压抑、沉重	专业类网页设计搭配使用高明度色彩时，搭配的文字内容给人清爽、积极的印象，但明度过高则会给人轻薄、浮夸的印象

7.10.3　清爽简洁的专业感色彩搭配

设计
说明　简洁、随性的版面设计，能够更加完整、具体地呈现出网页想要表达的内涵。

色彩
说明　浅灰色与天蓝色是年轻化科技的色彩搭配方案，深灰色的搭配更添稳重感。

　　　RGB=234,239,242 CMYK=10,5,5,0
　　　RGB=2,157,224 CMYK=76,27,3,0
　　　RGB=31,33,35 CMYK=84,79,75,60

①高、低明度的色彩调配方案，更能够吸引人的眼球。
②具有立体感的元素应用到网页设计当中，给人以现代感。
③整体设计能够给人以创新、科技的视觉感受。

现代化的专业感色彩搭配

特殊的图片处理技术，融入专业感网页搭配设计当中，呈现出富有现代感的搭配。

该作品的整体网页搭配选用低明度的色彩搭配方案，使网页具有低调、内敛的风格涵养。

RGB=55,66,72 CMYK=82,71,64,30
RGB=16,41,61 CMYK=96,85,62,41
RGB=12,16,23 CMYK=91,87,77,69

①简洁的文字装饰配置，能够给人以更为直观、明了的视觉印象。
②亮色文字搭配暗色背景，能够更为突出网页所要表达的内容。
③整体网页搭配设计给人以轻松、简洁的视觉效果。

专业感网页设计小妙招

关键词：清爽、简洁、科技

蓝灰色的搭配设计手法，给人以沉着、笃定的视觉感受，搭配网页排版给人简约、专业的印象

关键词：开放、简单、柔和

浅灰色与橙色的组合搭配，给人清新、简约的视觉感受，简洁的版面设计为网页内容做良好铺垫

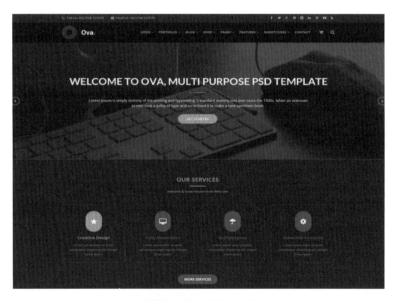

关键词：活力、科技、现代

黑色与草绿色是富有活力的色彩搭配方案，呈现出专业类网站愈来愈年轻化的风格特征

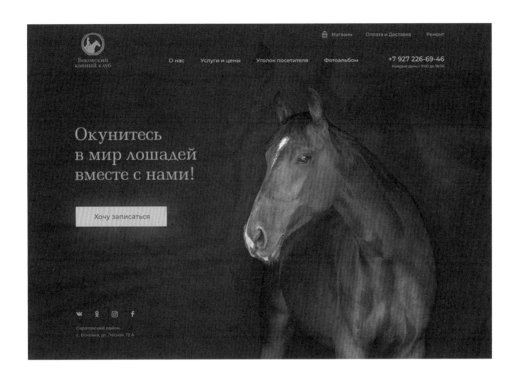

Web Graphic
Design

网页配色实战

8.1 简约风格网页设计

项目分析

标志类型	简约风格
配色分析	沉稳色彩搭配

CMYK= 19,18,22,0	CMYK= 64,72,90,38	CMYK= 86,99,16,0	CMYK= 19,14,68,0	CMYK= 6,54,89,0

案例分析

①一般选用深沉的色彩衬托主题，能够提升网页的档次。例如本案例，网页上下采用棕褐色增加网页的沉稳，以灰色背景来烘托甜品的美感

②图文并茂的甜品网页设计，可以更好地将信息传递给浏览者

③该网页整体分为两大部分，标题上方的图片装饰可以起到吸引视线的作用，页面中心处选用精品甜品可以更好地宣传网页

Web Graphic Design

版式分析

（1）对称型

对称型的版式安排，使整个网页产生了一种严谨、和谐的视觉感受。

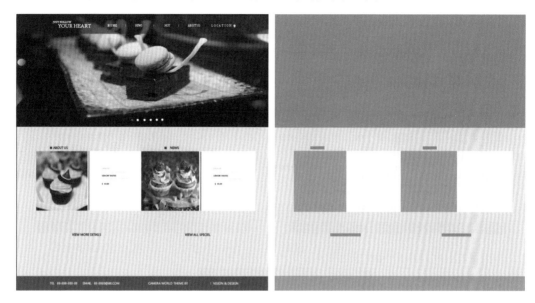

（2）文字型

文字型网页设计是采用文字装饰页面，能够更加详细地阐述网页内容，可以增加网页的识别性。

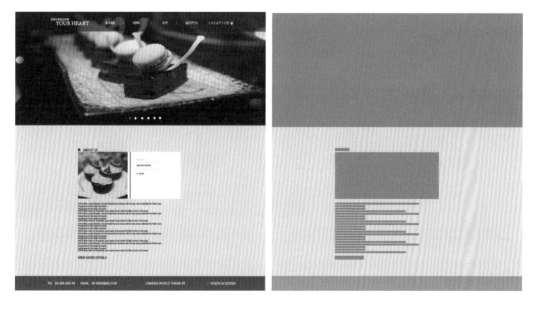

配色方案

（1）明度对比

低明度	高明度

网页降低了颜色的明度，使得网页变得更加暗淡、深沉

高明度的网页设计失去了网页的特色，也使得网页过于明亮，有种刺眼的感觉

（2）纯度对比

低纯度	高纯度

降低网页色彩的纯度，也降低了网页的识别性，给人一种陈旧感

适当地提高网页色彩的纯度，使标志的颜色变得更加鲜艳，识别性也增加了

（3）色相对比

青色调　　　　　　　　　　　　　　　　　绿色调

青色调的网页搭配，给人一种理性的视觉感受　　　　绿色调的网页搭配给人一种清新、健康的视觉感受

（4）面积对比

互补色的大面积使用　　　　　　　　　　邻近色的大面积使用

黄色与紫色互补，给予网页强烈的视觉冲击感　　　邻近色的配色方案给人一种色彩统一、和谐的视觉印象

（5）色彩延伸

同类色	对比色

黄色同类色彩的网页设计，使得网页更加融合、明亮	黄色、蓝色对比清爽又明显，令网页整体醒目又舒适

（6）佳作欣赏

该网页是食品类网页设计，选用美食图片装点网页，使得网页更真实、可信	墨绿色作为该网页背景，再采用白色文字装饰页面，为网页增添沉稳、舒适的视觉感受	红色与黄色对比，使得该网页鲜明又夺目

8.2　矢量风格图像装饰

项目分析

插画类型	矢量风格图像装饰
配色分析	邻近色配色方案

 CMYK= 32,11,11,0 CMYK= 63,0,25,0  CMYK= 94,76,11,0 CMYK= 76,98,40,5 CMYK= 17,45,75,0

案例分析

①作品为矢量风格图像装饰的网页设计，多风景图像装饰页面，使得网页舒心怡人

②采用邻近色进行色彩搭配，通过颜色的明暗变化使画面主题突出。这样的配色方案不仅可保证色调统一、和谐，更可以紧紧抓住人们的眼球

③在本案例中，分为前景和背景，这样的设计使画面层次分明，条理清晰

配色方案

（1）明度对比

低明度	高明度

低明度的色彩给原本清爽的网页增添一抹沉着的气息	高明度的青色背景，将网页展现得更为突出、刺目

（2）纯度对比

低纯度

高纯度

降低了颜色纯度，画面效果变得模糊、朦胧

高纯度的网页配色，可以使画面色彩变得更加鲜艳、明快

（3）色相对比

紫色调

绿色调

紫色象征着孤傲、华丽，在本案例中，高纯度的紫色与蓝色风景图搭配，产生一种格格不入的压迫感

绿色通常会给人一种清新、自然的感觉，在本案例中，低明度的绿色使画面变得不干净

（4）面积对比

类似色的大面积使用

互补色的大面积使用

　　青色和蓝色为类似色，利用类似色进行色彩搭配，可以给人一种色彩统一、和谐的感觉

　　互补色的搭配能够给人带来强烈的视觉冲击感，但在本案例中，黄色的海景与蓝色搭配却呈现混乱、无序的视觉感受

（5）色彩延伸

洋红色调

粉色调

　　鲜艳的洋红色给人一种活跃、欢快的感受。但在网页设计中要合理搭配，不要呈现出案例中这种错误的搭配

　　中明度、中纯度的配色给人一种干净与柔和的视觉感受

（6）佳作欣赏

（7）优秀配色方案

风趣可爱的卡通人物

该作品选用蓝色为主色，绿色和棕色为辅助色，再用白色点缀，使得画面干净又舒适。网页画面选用不同动作表情的卡通人物装点，使得页面更加生动、有趣

颜色饱满的风景插画

高明度、高纯度的配色方案使画面颜色鲜艳、明快、生机勃勃。画面中是花园景象，明亮的景象给予浏览者一种身临其境的感受

干净儒雅的色彩搭配

本作品是一幅生动的图片。将牛奶泼洒在比基尼女郎身上，恰好遮住身体，使之成为风趣的"外衣"，增添了画面的动感